幼兒營養與餐點設計

黃韶顏　倪維亞　著

五南圖書出版公司 印行

序

人一出生就要攝取好品質及足夠的食物，才能維持生存。

第一位接觸孩子的母親或保姆會影響孩子一生對食物的選擇，有正確的食物觀才是奠定孩子健康的基石。

臺灣的幼兒有許多飲食問題，2013年7月22日的新聞報導：幼兒的飲食中有45%對零食相當依賴。而孩子從小飲食不正確、吃入過多熱量，會因肥胖細胞體積增加，導致長大後肥胖。

人類的健康是大家所追求的，從小有健康的飲食生活，長大後才會有健康的體魄。

然而，有些孩子卻會因為先天上染色體產生病變而引起罕見疾病，在飲食生活上異於常人。因此，父母親更需有更大的耐心來處理孩子飲食上的問題。

幼兒期進入幼稚園是孩子飲食行為改變的最大契機，由幼兒園老師的營養教育與不同孩子的飲食習性，將可讓孩子有不同的飲食融合。

保姆可多閱讀與健康有關的書籍，讓照顧的孩子從小奠定正確觀念，長大後才有健全的體魄。

總之，對全體國人而言，健康的身體是國人之福，也才能擁有強大的國家。

CONTENTS
目　錄

第一章

緒　論

第一節　食物的分類

　　行政院衛生署為了讓大眾了解每日由飲食中所攝取食物之營養成分，使國人能夠攝取均衡的飲食，將食物依主要營養成分相同者歸類，分為全穀根莖類、豆、魚、肉、蛋類、蔬菜類、水果類、低脂奶類類及油脂堅果類等六大類食物。

一、全穀根莖類

　　此類食物含豐富醣類及少許蛋白質，不含脂肪，是熱量的良好來源。全穀根莖類包含了穀類、塊莖、根莖類及豆類等各項食物。例如：米飯、麵食、吐司、饅頭、馬鈴薯、番薯、玉米、綠豆、紅豆……等都是全穀根莖類食物。

二、豆、魚、肉、蛋類

　　此類食物含有品質良好的蛋白質、脂肪、維生素及礦物質。這類的各種食物如下：
　　豆製品：豆腐、豆干、豆包、百頁、素雞等。
　　魚貝類：魚、蝦、蟹、蜆等水產。
　　肉　類：分為家畜如豬、牛、羊及家禽類如雞、鴨、鵝。
　　蛋　類：雞蛋、鴨蛋，及蛋的加工品（如皮蛋、鹹蛋）等。

三、蔬菜類

　　蔬菜中含少量蛋白質、醣類、維生素、礦物質及纖維素，種類很多，蔬菜類若以食用部位來分類有：
　　㈠根菜類：紅蘿蔔、白蘿蔔
　　㈡莖　類：茭白筍、竹筍、蘆筍、蓮藕、荸薺、甘藍、洋蔥、大蒜等。

㈢葉菜類：菠菜、空心菜、青江菜、包心菜等。

㈣花菜類：金針、花椰菜等。

㈤瓜果類：冬瓜、南瓜、瓠瓜、絲瓜、番茄、茄子等。

㈥種子類：豌豆、四季豆、毛豆等。

㈦其　他：海菜類如紫菜。菇蕈類如洋菇、草菇、金針菇、木耳等。

四、水果類

水果類含豐富的醣類、維生素及礦物質。生鮮水果，如：芭樂、柳丁、鳳梨、葡萄柚、芒果、蘋果、楊桃、檸檬、香蕉……等。

五、低脂奶類

牛奶爲營養十分豐富的食品，富含蛋白質、醣類、脂肪、礦物質及維生素，更是維生素B_2的良好來源。奶類除鮮奶（含全脂奶、低脂奶、脫脂奶）、奶粉、蒸發奶、脫脂奶水、煉乳、調味奶外亦包含發酵奶（酸奶、酸酪乳）、乾酪等奶製食品。

六、油脂堅果類

油脂類主要是供給人體所需的脂肪。常見之油脂類食物可分爲下列幾種：

植物油：大豆油、玉米油、花生油、橄欖油等。

動物油：奶油、豬油、牛油、培根等。

核果類：花生、杏仁、腰果、瓜子、核桃等。

第二節　營養素的種類與功能

食物種類很多，每種食物都含有不同的營養素成分，人類依賴食物，攝取食物中的營養素，方可成長抵抗疾病，現依序介紹營養素的種類與功能。

　　醣類、蛋白質、脂質提供我們熱量，蛋白質、維生素、礦物質和水分可調整身體的機能並促進身體生長與發育。

　　醣類分解成葡萄糖；脂質分解為亞麻油酸、次亞麻油酸；蛋白質分解成胺基酸；維生素分解成水溶性（維生素B_1、B_2、菸鹼酸、B_5、生物素、B_6、B_{12}、葉酸、C）及脂溶性（A、D、E、K）；礦物質（鈣、氯、鎂、磷、鉀、鈉、硫、鉻、銅、氟、碘、鐵、錳、鉬、硒、鋅）被人體吸收。

　　醣類、脂質、蛋白質產生熱量，以便製造新的化合物，進行肌肉活動，執行神經傳導及維持細胞內離子平衡。

一、醣類

　　又稱為碳水化合物，因其分子式為$Cn(H_2O)n$，為碳與水分子統合而成，它的分類為：

(一)單醣：又分為六碳醣與五碳醣，六碳醣如葡萄糖、果糖、半乳糖、甘露糖，存在蔬菜及水果中，五碳醣如核糖、木糖、阿拉伯糖。

(二)雙糖：由兩分子單醣所構成，如蔗糖由一分子葡萄糖與一分子果糖；乳糖由一分子葡萄糖與一分子半乳糖；麥芽糖由兩分子葡萄糖所構成。

(三)寡糖：蜜三糖由葡萄糖、果糖、半乳糖所構成。

(四)多醣類：澱粉由葡萄糖構成，分為直鏈澱粉存於黏性較小的米、麵、根莖類，枝鏈澱粉存於黏性較大的米、麵、根莖類。肝醣在動物性食物中，讓蛤蚌、海鮮具有鮮美味道。纖維素及半纖維素存在植物根、莖中，不能被消化，但它可讓身體的代謝正常運作，它可促進腸道蠕動，協助排便預防便祕。果膠存於水果之果皮或種子，可溶於水，吸水後形成膠狀物，可增加腸道蠕動。

醣類主要功能爲提供身體熱量，每個人一天所需熱量50-60%來自醣類，1公克醣類可提供4大卡熱量。適量的醣類可維持脂肪正常的代謝，醣不夠時，脂肪會氧化產生酮體造成酸中毒。適量醣可調節蛋白質，若要蛋白質發揮修補組織的功能，必須有正常醣類。不被消化的纖維素可協助體內糞便的排除。

二、脂質

脂質分爲簡單脂質、複脂及衍生脂類。

(一)簡單脂質：包括中性脂肪，即爲一分子甘油及三分子之脂肪酸所結合而成的，又稱爲三酸甘油脂，又分爲：脂肪、油及蠟，脂肪是指在室溫下爲固體；油爲在室溫下爲液體；蠟由脂肪酸及高級醇所組成，不能爲人體消化吸收。

(二)複脂類：爲中性脂肪及其他物質組合而成，有磷脂與醣脂。磷脂由脂肪酸、甘油及磷組合而成；醣脂由醣及甘油組合而成。

(三)衍生脂類：脂溶性維生素即衍生脂類，由脂肪酸、甘油、固醇類組合而成。

脂肪的功能主要提供熱量，每1公克的脂肪可提供9大卡熱量，可以節省蛋白質，使蛋白質進行組織的修補。

脂肪含有必需脂肪酸，即亞麻油酸、次亞麻油酸及花生油酸。必需脂肪酸可降低血中膽固醇，預防濕疹性皮膚炎。

脂質可增加食物美味，在胃中可延長食物在胃內的時間減緩胃液之分泌，讓人有飽足感。在體內或皮下可讓人維持體溫。

三、蛋白質

蛋白質是由胺基酸所組成，自然存在的胺基酸有二十種以上，二個胺基酸組成雙胜類，多個胺基酸組成多胜類。胺基酸依人體需要分類如下：

(一)必需胺基酸

食物中有二十種胺基酸，其中有九種人體不能合成，必需靠攝取食物才能獲得，稱為必需胺基酸如色胺酸、離胺酸、甲硫胺酸、纈胺酸、苯丙胺酸、羥丁胺酸、白胺酸、異白胺酸及組氨酸。

(二)非必需胺基酸

身體可自行製造或可由別的胺基酸轉化而成，如甘胺酸、丙胺酸、胱胺酸、天醯胺酸、天冬胺酸、麩胺酸、絲胺酸、脯胺酸、瓜胺酸、氫氧脯胺酸、氫氧胺麩胺酸。

蛋白質的主要功用有產生熱能，1公克蛋白質可產生4大卡熱量；修補組織，如身體肌肉受傷一定須吃蛋白質品質好的食物；在生長發育的嬰幼兒，青少年及懷孕期婦女身體建造新的組織也須蛋白質；構成身體體液、酵素內分泌的主要成分；合成抗體抵抗疾病；構成血漿蛋白維持身體正常滲透壓；蛋白質為兩性物質，可結合酸性或鹼性物質維持身體的酸鹼平衡；可協助吸收、運輸鈣與鐵，協助鈣、鐵的吸收。

一個食物中蛋白質品質的好壞，在於其必需胺基酸的含量及比例，如果含有所有的必需胺基酸，為完全蛋白質如雞蛋、牛奶、肉類、魚類所含的蛋白質；缺乏一至二種必需胺基酸稱為半完全蛋白質，如果穀類蛋白缺乏離胺酸，玉米缺乏離胺酸與色胺酸，黃豆蛋白缺乏甲硫胺酸及胱胺酸。缺乏數種必需胺基酸稱為不完全蛋白質，如動物膠。

一般食品中缺乏甲硫胺酸、離胺酸、色胺酸、異白胺酸、羥丁胺酸，因此可將食品二種或二種以上共同使用，互相補充可提高蛋白質的攝取，如米缺乏離胺酸與羥丁胺酸，黃豆中離胺酸含量豐富，因此有人在米中加黃豆煮成黃豆飯，穀類與牛奶混著吃也可以達到互補作用，人類的飲食習慣中不能只吃固定食物，大多將不同食物混食，均有助於提升食物的營養吸收。

四、維生素

食物中的營養素除了醣類、脂質、蛋白質之外，尚有身體需要不可或缺的微小成分稱為維生素。

維生素是人體不能合成的有機物質，用以維持生命、促進生長，調節醣類、脂質、蛋白質新陳代謝的所必需的物質，人體不可缺乏的，它需要量少在身體內當輔酶作用，對身體的健康，健康發育及新陳代謝是必需的。

維生素依其溶解性分為二大類，即脂溶性維生素與水溶性維生素，現分述於下：

(一)脂溶性維生素：可溶於油脂不溶於水之維生素，如維生素A、D、E、K。

(二)水溶性維生素：可溶於水之維生素，如維生素B群、C群等。

五、礦物質

又稱為灰分，占人體體重的5%，約二十多種，其中有十四種為人體必需，如鈣、磷、鈉、鉀、鎂、硫、氯、鐵、銅、碘、錳、鋅、鈷、鉬。身體中的礦物質可能以離子狀態存在，也可能以有機化合物存在，擔任身體的酸鹼平衡；參與神經及肌肉的感應與收縮；酵素活性的調整；參與細胞膜的滲透，現將各類礦物質的功用、來源、缺乏時之症狀介紹於下。

表1-1　維生素的功用、來源及缺乏時之症狀

維生素類別	維生素	功用	來源	缺乏之症狀	過多之症狀
脂溶性維生素	A	1.協助視紫形成、維持正常視力。 2.維持正常皮膚。 3.維持正常的骨骼發育。	肝、魚肝油、橙紅色蔬菜水果、如南瓜、木瓜、金針、蛋黃、紅蘿蔔、紅番薯、牛肝、番薯、波菜、芒果、胡蘿蔔、甘藍、牛奶、花椰菜、生菜、人造奶油、桃子。	1.夜盲，在黑暗中無法看到東西。 2.皮膚乾燥表層脫落。 3.乾眼症，淚腺上皮組織角質化，角膜乾。 4.角膜軟化甚至失明。 5.毛囊皮膚角化。	1.急性 腸胃不適、頭痛、肌肉不協調、視力模糊、停止服用消失。 2.慢性 沒食慾、嘔吐、頭痛、皮膚乾燥、雙重影像。 3.畸形胎，尤其以頭部胸腔形。 4.食慾不振。 5.皮膚發癢。 6.毛髮脫落。 7.骨膜肥厚、痛。 8.骨質脆弱。
	D	1.與甲狀腺、副甲狀腺共同維持血鈣濃度。 2.協助骨骼鈣化。	鯡魚、鰻魚、魚肝油、鮭魚、沙丁魚、牛奶、人造奶油、豆漿、蛋黃、肝。	1.佝僂病，小孩腿成X型或O型。 2.成人會有骨骼疏症或骨骼軟化。	1.過多造成血清鈣會沉澱在骨骼外的軟組織，造成心、肺、腎鈣化。 2.噁心、嘔吐；口渴。 3.心智障礙。 4.主動脈狹窄。

維生素類別	維生素	功　用	來　　源	缺乏之症狀	過多之症狀
脂溶性維生素	E	1.參與細胞膜的抗氧化作用。 2.具有抗氧化可以防老化。	植物性較多，以深綠色蔬菜、小麥胚芽、胚芽油、肝、肉、豆類、麥麩、葵瓜子油、葵花油、杏仁片、葵花油、杏仁油、美奶滋、酪梨、花生醬、花生。	1.溶血性貧血，缺乏維生素E血球易破裂。 2.吸煙容易破壞肺內維生素E。	內出血。
	K	1.存在肝臟及血液中，與血液的凝固有關。	綠色蔬菜、肝臟、奶油、肉類、甘藍、蘿蔔、波菜、青豆、蘆筍、豌豆、大豆油。	1.皮下出血。 2.血液凝固時間長。	1.嬰兒給予多於5毫克的維生素K會造成嬰兒溶血性貧血。
水溶性維生素	B$_1$	1.當作輔酶協助體內丙酮酸變成醋醛之反應。	粗糙穀類、肝臟、腎臟、瘦肉、酵母、豆類、火腿、小麥胚芽、南瓜、玉米。	1.腳氣病、下腿水腫、麻木。 2.多發性神經炎、腳痳木走路蹣跚難行。 3.食慾不振。	
	B$_2$	1.擔任氧化還原作用。 2.參與能量產生之輔酶。	牛奶、肝臟、心臟、穀物、酵母、麥片、牡蠣、蘑菇、波菜、火腿。	1.口角炎。 2.舌炎。 3.脂溢性皮膚炎。 4.眼角膜充血眼睛畏光。	

維生素類別	維生素	功　用	來　源	缺乏之症狀	過多之症狀
水溶性維生素	菸鹼酸	1.與磷酸、核醣反應哈合成輔酶，參與氧化還原代謝反應。2.參與脂肪酸與膽固醇的合成。	肝、腎、瘦肉、胚芽、酵母、黃豆、花生、牛奶。	1.舌炎。2.噁心。3.衰弱。4.易怒。5.癩皮病。6.下痢。7.皮膚炎。8.白痴。	
	B_6	1.參與胺基酸代謝的輔酶。2.參與色胺酸的代謝作用。	牛奶、酵母、豆類、肉類、鮭魚、馬鈴薯、香蕉、酪梨、雞肉、南瓜、全麥麵包、牛排、火腿、西瓜、葵瓜子。	1.嬰兒抽筋。2.貧血。3.腎臟與膀胱結石。	長期過量或一日200毫克以上，會造成永久性神經損壞。
	泛酸	1.作為輔酶參與脂肪酸與醣類之代謝。2.參與胺基酸之代謝。3.參與膽固醇之合成。	肝、腎、酵母、小麥胚芽、豆類、玉米、葵瓜子、蘑菇、南瓜、花生、花椰菜、馬鈴薯、豆類。	1.皮膚炎。2.腹瀉。	

維生素類別	維生素	功用	來源	缺乏之症狀	過多之症狀
水溶性維生素	葉酸	1.DNA及RNA之合成。 2.紅血球的形成。	肝、腎、花椰菜、酵母、蘆筍、波菜、豆類、生菜、麥片、蘿蔔、葵瓜子、菜豆。	1.白血球性貧血：紅血球數目減少、體積增大。 2.舌炎。 3.胃酸減少。 4.生長遲緩。	嬰兒每日不可超過100微克，兒童每日不可超過300微克，成人每日不可超過400微克。
	生物素	1.促進脂肪酸的合成。 2.促進嘌呤的合成。	肝、腎、酵母、花生、蛋黃、小麥胚芽、牛奶、鮭魚、起司、生菜葉。	1.反膚炎。	
	B$_{12}$	1.細胞的正常新陳代謝。 2.腦細胞髓的形成。	肝、腎、肉、牛奶、蛤蚌、牡蠣、龍蝦、蛋、熱狗。	1.白血球性貧血。 2.舌炎。 3.神經炎。	
	膽素	1.合成卵磷脂。 2.參與細胞膜的生成。 3.參與脂肪的運輸。	肝、腦、腎、心臟、瘦肉、酵母、豆類、牛奶、水果。	1.脂肪肝。 2.酒精性肝硬化。	
	C	1.協助膠原蛋白的形成。 2.參與身體氧化還原反應。 3.參與酪胺酸的新陳代謝。 4.形成腎上腺類固醇激素。	綠色蔬菜、枸橼酸水果、柳丁、甘藍、草莓、葡萄柚、奇異果、荔枝、花椰菜、番薯、馬鈴薯、波菜。	1.壞血症。 2.牙齦出血。 3.骨折。	1.反胃。 2.腹痛。 3.腹瀉。 4.腎結石。

表1-2　礦物質的功用、來源及缺乏時之症狀

礦物質	功　用	來　源	缺乏之症狀	過量之症狀
鈣	1.構成牙齒與骨骼之主要成分。 2.協助血液凝固。 3.維持心臟正常收縮。 4.控制神經感應及肌肉收縮。 5.控制細胞的透過性。	牛奶、牛肉、小魚乾、蝦、蛤蚌、牡蠣、乳酪、菠菜、花椰菜、沙丁魚、罐頭鮭魚。	1.佝僂病。 2.牙齒脫落。 3.骨骼疏鬆。 4.肌肉痙攣。	1.腎結石及其他器官鈣化。 2.頭痛。 3.腎衰竭。
磷	1.與蛋白質結合成磷蛋白。 2.與醣類結合成醣磷酸。 3.與脂肪結合成卵磷脂。 4.參與身體之酸鹼平衡。 5.鈣與磷之攝取比例以1：1最好。	牛奶、蛋黃、肉、家禽、白米、麵粉、起司、穀類、麥麩、堅果。	1.骨骼成長受阻引發佝僂病。	1.腎臟結石。 2.若長期高磷低鈣會使骨質流失。
鈉	1.細胞外液之主要陽離子 2.維持身體正常水分。 3.維持正常滲透壓。 4.維持身體之酸鹼平衡。 5.維持正常肌肉感受性。	食鹽、醬油、醃製食品、香腸、加工速食麵、通心粉、罐頭食品、調味料（鹽、醬油、番茄醬）、蘇打餅、花生醬、葡萄汁。	1.愛迪生症：缺乏腎上腺皮質，使鈉、氯流失，鉀升高。 2.肌肉抽筋。	1.高血壓。 2.腎結石。
氯	1.細胞外液主要陰離子。 2.為胃酸成分，使胃有正常酸性。 3.協助神經衝動傳導。 4.水分子平衡。	海藻、橄欖、萵苣、食鹽、海產、黑麥。	1.長期嘔吐才會缺乏。 2.嬰兒抽筋。	1.高血壓。 2.體液滯留。

礦物質	功　用	來　源	缺乏之症狀	過量之症狀
鉀	1.細胞內液之主要陽離子。 2.維持身體正常水分。 3.維持正常滲透壓。 4.維持身體之酸鹼平衡。 5.維持正常肌肉感受性。	肉類、穀類、菜豆、南瓜、柳橙、青豆、香蕉、黃豆、番茄汁、馬鈴薯。	1.低鉀失去胃口。 2.肌肉抽筋。 3.意識不清。 4.便祕。 5.尿鈣排泄增加。	心跳緩慢。
硫	1.指甲與毛髮之角蛋白成分。 2.肝之抗凝素肝素。 3.骨骼之軟骨含硫。	蛋黃、黑芝麻、含蛋白質的食用。	1.頭髮變白。	沒過多現象。
鎂	1.抑制骨骼鈣化。 2.鎂使肌肉放鬆。	硬堅果、豆莢、五穀、深色蔬菜、海帶、可可、巧克力。 麥麩、花椰菜、南瓜、豆莢、堅果、巧克力。	1.手腳顫抖。 2.神經過敏。	1.腎衰竭。 2.虛弱。 3.嘔吐。 4.呼吸變慢。 5.心神不寧。
鐵	1.存在血紅素與肌血球等負責氧氣及二氧化碳之運送。	紅色肉（越紅者鐵越多）牛肉、內臟、蛋黃。	1.小球性貧血。 2.血鐵質沉著症。	1.鐵沉澱。 2.較輕微鐵中毒導致心血管疾病和動脈硬化。
碘	1.甲狀腺素之主要成分。 2.參與人體基本代謝。 3.神經肌肉通能。	海帶、紫菜、海魚、貝類、含碘的鹽。	1.甲狀線腫。 2.呆小症。 3.便祕。	1.甲狀腺亢進。 2.心跳加快。

礦物質	功　用	來　源	缺乏之症狀	過量之症狀
氟	1.牙齒與骨骼不可缺少成分。	牛奶、蛋黃、魚、水中加氟、加氟牙膏、茶、海鮮、海藻。	1.骨骼疏鬆。 2.蛀牙。	1.斑齒。 2.反胃。 3.嘔吐。 4.腹瀉。 5.大量分泌唾液和眼淚。 6.心臟衰弱。
鋅	1.參與核酸與蛋白質合成之酵素作用。	肉、肝、蛋、海產。	1.下痢。 2.精神抑鬱。 3.皮膚炎。	1.腹瀉。 2.腹痛。 3.反胃。 4.嘔吐。 5.免疫功能降低。
銅	1.協助紅血球的形成。	內臟、海魚、牡蠣、家禽肉、豆類、穀類。	1.小球性貧血。	積存在肝、腦、腎、眼角膜。
鉻	1.協助胰島素促進葡萄糖的代謝。	酵母、牡蠣、肝、海產、穀類、雞肉、豬肉、乾酪。	1.葡萄糖耐力差。 2.神經炎。	1.肺受到傷害。 2.皮膚過敏。
鈷	1.合成纖維素B_{12}之主要成分。	肝、腎、肉、牡蠣、蛤蚌。	1.惡性貧血。	
硒	1.紅血球之主要成分。	穀類、肉類、魚類、奶類。	很少缺乏。	1.掉頭髮。 2.呼吸有蒜頭味。 3.腹瀉。 4.倦怠。 5.指甲變形。
錳	1.擔任酵素之輔酶。 2.細胞合成黏多醣。	藍莓、麥糖、乾豆、硬果、鳳梨。	黏多醣合成不足。	神經受傷。

第三節　營養素的消化與吸收

　　民以食爲天，每個人攝取不同的食物，食物中所含的蛋白質、脂質、醣類經消化酵素分解變成小的分子，被人體吸收形成人體活動所需的熱量，維生素與礦物質協助正常生理運作。現將三大營養素的消化與吸收分別敘述於下：

一、蛋白質

　　蛋白質主要含於肉、魚、豆、蛋類、奶類、全穀根莖類中，其中因全穀根莖類的蛋白質缺乏一至二種必需胺基酸，因此品質較差。

　　蛋白質主要的功用是產生熱量，1公克蛋白質可產生4大卡熱量；修補組織；在幼兒期器官的成長建造新的組織需蛋白質；蛋白質合成抗體可協助抵抗疾病；它可結合酸性或鹼性物質維持身體酸鹼平衡。

　　當食物經口腔牙齒將食物咀嚼，胃分泌胃蛋白酶和胃酸，將蛋白質分解成蛋白腖與蛋白腖，至小腸時胰蛋白酶及胰凝乳蛋白酶，將蛋白質、蛋白腖、蛋白腖分解成爲複胜類或胺基酸，在小腸被吸收。

二、脂肪

　　脂肪主要在食用油脂（植物性油與動物性油）、肉、魚、豆、蛋類、奶類中。

　　脂肪主要功能爲產生熱量，使食物有香味。必需脂肪酸可使人免於濕疹，協助脂溶性維生素被人體吸收。當人吃入脂肪在胃會分泌胃解脂酶將三酸甘油脂分解成甘油及脂肪酸，膽囊分泌膽汁將脂肪分解成乳糜化脂肪球，胰臟分泌胰解酯酶，將脂肪分解成甘油、脂肪酸，小腸分泌小腸脂酶將脂肪分解成甘油及脂肪酸，在小腸被吸收。

三、醣

　　醣類主要在全穀根莖類、水果類、奶類中，人體每日所需熱量50-60%來自醣類。食物中的澱粉入口腔，唾液腺會分泌唾液澱粉酶將澱粉分解為糊精；至小腸時，胰臟分泌胰澱粉酶將澱粉分解成麥芽糖或葡萄糖；小腸則分泌麥芽糖酶將麥芽糖分解成二分子葡萄糖，蔗糖酶將蔗糖分解為一分子葡萄糖、一分子果糖，乳糖酶將乳糖分解為葡萄糖與半乳糖。葡萄糖及半乳糖靠鈉離子協助，進入小腸黏膜被吸收。

四、維生素的吸收、運送、儲存及排泄

(一)脂溶性維生素

1. A：動物性食物中的維生素A是以視網醇和視網酯的形式存在。視網酯在小腸水解成視網醇，90%的視網醇被小腸吸收，吸收之後視網醇再與脂肪酸結合成新的視網酯，成乳糜狀運送維生素A到組織供利用。過量的維生素A無法輕易排泄，只有少量經由尿液排出體外。

2. D：人體維生素D可由皮膚合成或由食物獲得，80%維生素D在小腸和微脂肪粒結合被吸收，經淋巴運送至肝臟，大部分維生素D藉著膽汁排泄，少部分由尿液排出體外。

3. E：維生素E在小腸藉由膽汁與微脂粒結，由淋巴系統進入血液至肝臟，透過膽汁和尿液排泄。

4. K：80%維生素K被小腸吸收，藉由膽汁和胰液進入乳糜微粒被吸收，大部分維生素K由膽汁排泄，少數由尿液排泄。

(二)水溶性維生素

1. B_1：在小腸被吸收，多餘由尿液排出體外。

2. B_2：在小腸被吸收，多餘由尿液排出體外。

3. 菸鹼酸：大部分在胃和小腸被吸收，由肝臟運送到組織，多餘由尿液排出。

4.生物素：生物素由小腸被吸收，多餘由尿液排出。

5.B_6：B_6被吸收後經由肝門靜脈進入肝臟，主要儲存在肌肉中，攝取量太高時，由尿液排出。

6.葉酸：葉酸在小腸中被吸收，由門靜脈進入肝臟，它可以儲存在肝臟也可以進入血液或膽汁，多餘的由尿液排出。

7.B_{12}：胃功能正常的人可以吸收50%的B_{12}，人體90%的B_{12}可儲存在肝臟。當一個人缺乏胰蛋白酶，胃或迴腸部分切除、條蟲寄生者，常會影響B_{12}的吸收，可藉由每月注射一次B_{12}或每週服用B_{12}來補充。由於它可儲存於肝臟，因此經由注射或口服就可補充其不足。

8.C：在小腸被吸收，攝取量增加時吸收率遞減，攝取量多由尿液排出量亦增加。

五、礦物質

(一)鈣：鈣在小腸上半部在PH值低於6被吸收。食物中只有25%的鈣被吸收，嬰兒期及懷孕期食物中60%的鈣被吸收。血鈣在身體內維持一定濃度及8.5-10.8mg/dl，當血鈣升高時，甲狀腺分泌抑鈣素，抑制骨頭釋出鈣；血鈣太低時，副甲狀腺素刺激骨頭釋出鈣，使血鈣維持正常。鈣可由皮膚、糞便排出。

(二)磷：食物中70%磷被人體吸收。維生素D可協助磷的吸收，主要在小腸及結腸被吸收。磷由腎臟經尿液排泄。

(三)鈉：鈉經由胃、小腸、結腸被吸收，經腎臟過濾，過多由尿液排泄。

(四)鎂：食物中40-60%的鎂在小腸被吸收，經由腎臟由尿液排出。

(五)鐵：人體胃酸、食物中血鐵質、維生素C會促進鐵的吸收，膳食纖維中的植酸、蔬菜中的草酸、茶及咖啡中的多酚類會使胃酸減少而抑制鐵的吸收。

正二價的鐵（F^{+2}）較正三價的鐵（F^{+3}）容易被吸收。鐵從小腸被吸收儲存於肝臟，再由轉鐵蛋白攜帶到各處，如：血液（血紅素）、肌肉（肌紅素）。

人體會由消化道、尿液和皮膚流失鐵質。

(六)鋅：鋅在小腸被吸收，經腸黏膜吸收後進入血液循環，送至肝臟；沒有至血液循環的鋅就會與腸細胞一起脫落並排出體外。

(七)銅：銅70%被小腸吸收，進入肝與腎，肝臟的銅與蛋白結合運送至組織，過多的銅經由膽汁排泄。

(八)硒：人體50-80%的硒被小腸吸收，太多的量由尿及糞便排出去。

(九)碘：人體碘進入胃、小腸均可被吸收，進入血液循環後與蛋白質結合。碘經由腎臟過濾由尿液排出，檢測尿中的碘量就可知碘的攝取狀況及血液中碘濃度。

(十)氟：食物中的氟在胃及小腸被吸收，90%的氟在血液運送至全身，太多的量經由尿液排出。

(士)鉻：食物中的鉻只有50%被吸收，在血液運送時主要與轉鐵蛋白結合，儲存於肝、腎，太多由糞便排出。

第四節　食物代換表

　　食物代換表將一些相似價值的定量食物歸於一類，而用於飲食計畫中變化食物種類。我們將所有食物分成六大類：奶類、肉類、豆製品類、主食類、蔬菜類、水果類、油脂類。每一類代換表所有食物，幾乎含相似的熱量、蛋白質、脂肪及醣類。同時含的礦物質及維生素的種類也相似。

　　下表說明每類食物所含營養素量，於飲食設計時，可略算每餐飲食中所供應的營養素量：

表1-3　各類食物營養素含量

品　名		蛋白質（公克）	脂肪（公克）	醣類（公克）	熱量（大卡）
奶類	全脂	8	8	12	150
	低脂	8	4	12	120
	脫脂	8	+	12	80
豆、魚、肉、蛋類	低脂	7	3	+	55
	中脂	7	5	+	75
	高脂	7	10	+	120
豆類及其製品	低脂	7	3	+	55
	中脂	7	5	+	75
	高脂	7	10	+	120
主食類		2	+	15	70
蔬菜類		1	+	5	25
水果類		+	+	15	60
油脂類		0	5	0	45

註：1.＋，表微量

2.有關主食類部分，若採糖尿病、低蛋白飲食時，米食蛋白質含量以1.5公克，麵食蛋白質以2.5公克計。

3.每份五穀根莖類與每日飲食指南所表示份數不同，此表中所指每份份量為「每日飲食指南」中每份份量之1/4。

資料來源：行政院衛生署

表1-4　秤量換算表

1杯＝16湯匙＝240公克（cc）	1公斤＝1000公克＝2.2磅
1湯匙＝3茶匙	1磅＝16盎司＝454公克
1台斤（斤）＝600公克＝16兩	1盎司＝30公克
1兩＝37.5公克	1市斤＝500公克

　　每一類的食物所能供給的營養素不盡相同，沒有任何單一的食物能供給身體所需的所有營養素，但它們卻有互補作用、相互代替作用。因

此，各類食物一起供應，才能達到均衡飲食的需要，也才能得到維持健康所需的所有營養素。

表1-5　各類食物代換表——奶類

<table>
<tr><td rowspan="11">奶
類</td><td colspan="4">每份含蛋白質8公克，脂肪8公克，醣類12公克，熱量150大卡</td></tr>
<tr><td rowspan="4">全
脂</td><td>名　稱</td><td>份　量</td><td>計　量</td></tr>
<tr><td>全脂奶</td><td>1杯</td><td>240毫升</td></tr>
<tr><td>全脂奶粉</td><td>4湯匙</td><td>35公克</td></tr>
<tr><td>蒸發奶</td><td>1.5杯</td><td>120毫升</td></tr>
<tr><td colspan="4">每份含蛋白質8公克，脂肪4公克，醣類12公克，熱量120大卡</td></tr>
<tr><td rowspan="3">低
脂</td><td>名　稱</td><td>份　量</td><td>計　量</td></tr>
<tr><td>低脂奶</td><td>1杯</td><td>240毫升</td></tr>
<tr><td>低脂奶粉</td><td>3湯匙</td><td>25公克</td></tr>
<tr><td colspan="4">每份含蛋白質8公克，醣類12公克，熱量80大卡</td></tr>
<tr><td rowspan="3">脫
脂</td><td>名　稱</td><td>份　量</td><td>計　量</td></tr>
</table>

<table>
<tr><td>脫脂奶</td><td>1杯</td><td>240毫升</td></tr>
<tr><td>脫脂奶粉</td><td>3湯匙</td><td>25公克</td></tr>
</table>

資料來源：行政院衛生署

表1-6　各類食物代換表——全穀根莖類

<table>
<tr><td rowspan="9">全
穀
根
莖
類</td><td colspan="6">每份含蛋白質2公克，醣類15公克，熱量70大卡</td></tr>
<tr><td>名　稱</td><td>份　量</td><td>可食重量
（公克）</td><td>名　稱</td><td>份　量</td><td>可食重量
（公克）</td></tr>
<tr><td>米、小米、糯米等</td><td>1/8杯（米杯）</td><td>20</td><td>大麥、小麥、蕎麥等</td><td rowspan="2">4湯匙</td><td>20</td></tr>
<tr><td>＊西谷米（粉圓）</td><td>2湯匙</td><td>20</td><td>麥粉</td><td>20</td></tr>
<tr><td>＊米苔目（濕）</td><td></td><td>60</td><td>麥片、麵粉</td><td>3湯匙</td><td>20</td></tr>
<tr><td>＊米粉（乾）</td><td>1/2碗</td><td>20</td><td>麵條（乾）</td><td></td><td>20</td></tr>
<tr><td>＊米粉（濕）</td><td></td><td>30-50</td><td>麵條（濕）</td><td></td><td>30</td></tr>
<tr><td>爆米花（不加奶油）</td><td>1杯</td><td>15</td><td>麵條（熟）</td><td>1/2碗</td><td>60</td></tr>
</table>

名　稱	份　量	可食重量（公克）	名　稱	份　量	可食重量（公克）
飯	1/4碗	50	拉麵		25
粥（稠）	1/2碗	125	油麵	1/2碗	45
◎薏仁	1.5湯匙	20	鍋燒麵		60
◎蓮子（乾）	32粒	20	◎通心粉（乾）	1/3杯	20
栗子（乾）	6粒（大）	40	麵線（乾）		25
玉米或玉米粒	1/3根或1/2杯	90	饅頭	1／3個（中）	30
菱角	7粒	50	吐司	1/2-1/3片	25
馬鈴薯（3個/斤）	1/2個（中）	90	餐包	1個（小）	25
番薯（4個/斤）	1/2個（小）	55	漢堡麵包	1/2個	25
山藥	1塊	100	蘇打餅乾	3片	20
芋頭	滾刀塊3-4塊或1/5個（中）	55	餃子皮	3張	30
			餛飩皮	3-7張	30
荸薺	7粒	85	春捲皮	1 1/2張	30
南瓜		110	燒餅（+1/2茶匙油）	1/4個	20
蓮藕		100	油條（+1/2茶匙油)	1/3個	15
白年糕		30	甜不辣		35
芋粿		60	◎紅豆、綠豆、蠶豆、刀豆	1湯匙（生）	20
小湯圓（無餡）	約10粒	30			
蘿蔔糕（6×8×1.5公分）	1塊	50	◎花豆	1湯匙（生）	20
豬血糕		35	◎豌豆仁		45
			△菠蘿麵包	1/3個（小）	20
			△奶酥麵包	1/3個（小）	20

全穀根莖類

第一章　緒　論

021

註：1.＊蛋白質含量較其他主食為低；另如：冬粉、涼粉皮、藕粉、粉條、仙草、愛玉之蛋白質含量亦甚低，飲食須限制蛋白質時可多利用。

2.◎每份蛋白質含量（公克）：薏仁2.8、蓮子4.8、花豆4.7、通心粉2.5、紅豆4.5、綠豆4.7、刀豆4.9、豌豆仁5.4、蠶豆2.7，較其他主食為高。

3.△菠蘿、奶酥麵包類油脂含量高。

資料來源：行政院衛生署

表1-7　各類食物代換表──豆、魚、肉、蛋類（低脂）

項　目		食物名稱	可食部分生重（公克）	可食部分熟重（公克）
豆、魚、肉、蛋類　低脂		每份含蛋白質7公克，脂肪3公克以下，熱量55大卡。		
	水　產	蝦米、小魚干	10	
		小蝦米、牡蠣乾	20	
		魚脯	30	
		一般魚類	35	30
		草蝦	30	
		小卷（鹹）	35	
		花枝	40	30
		章魚	55	
		＊魚丸（不包肉）（＋12公克醣類）	55	55
		牡蠣	65	35
		文蛤	60	
		白海參	100	
	家　畜	豬大里肌（瘦豬後腿肉）（瘦豬前腿肉）	35	30
		牛腩、牛腱	35	
		＊牛肉乾（＋10公克醣類）	20	
		＊豬肉乾（＋10公克醣類）	25	
		＊火　腿（＋5公克醣類）	45	
	家　禽	雞里肌、雞胸肉	30	
		雞腿	40	
	內　臟	牛肚	35	
		豬心	45	
		豬肝	30	20
		雞肝	40	30
		雞肫	40	
		膽肝	20	
		豬腎	65	
		豬血	225	
	蛋	雞蛋白	70	

註：1.＊含醣類成分、熱量較其他食物為高。

　　2.◎含膽固醇較高。

資料來源：行政院衛生署

表1-8　各類食物代換表──豆、魚、肉、蛋類（中脂）

項　目		食物名稱	可食部分生重（公克）	可食部分熟重（公克）
豆、魚、肉、蛋類　中脂		每份含蛋白質7公克，脂肪5公克，熱量75大卡。		
	水產	虱目魚、烏魚、肉鯽、鹹魚	35	30
		鮭魚	35	30
		*魚肉鬆（＋10公克醣類）	25	
		*虱目魚丸、*花枝丸（＋7公克醣類）	50	
		*旗魚丸、*魚丸（包肉）（＋7公克醣類）	60	
	家畜	豬大排、豬小排、羊肉、豬腳	35	30
		*豬肉鬆（＋5公克醣類）	20	
	家禽	雞翅、雞排	40	
		雞爪	30	
		鴨賞	20	
	內臟	豬舌	40	
		豬肚	50	
		豬小腸	55	
		豬腦	60	
	蛋	雞蛋	55	
	水產	每份含蛋白質7公克，脂肪10公克，熱量120大卡。		
		秋刀魚	35	
		鱈魚	50	
	家畜	豬後腿肉、牛肉條	35	
		臘肉	25	
		*豬肉酥（＋5公克醣類）	20	
	◎內臟	雞心	45	
	家畜	每份含蛋白質7公克，脂肪10公克以上，熱量135大卡以上，應避免食用		
		豬蹄膀	40	
		梅花肉、豬前腿肉、五花肉	45	
		豬大腸	100	
	加工製品	香腸、蒜味香腸	40	
		熱狗	50	

註：1. *含醣類成分、熱量較其他食物為高。

　　2. ◎含膽固醇較高。

資料來源：行政院衛生署

表1-9　各類食物代換表——豆類及其製品

食物名稱		可食部分生重（公克）	可食部分熟重（公克）
豆類及其製品	每份含蛋白質7公克，脂肪3公克，熱量55大卡		
	黃豆（＋5公克醣類）	20	
	毛豆（＋10公克醣類）	50	
	豆皮	15	
	豆包（濕）	30	
	豆腐乳	30	
	臭豆腐	50	
	豆漿	260毫升	
	麵腸	40	
	麵丸	40	
	烤麩	35	
	每份含蛋白質7公克，脂肪5公克，熱量75大卡		
	豆枝	60	
	干絲、百頁、百頁結	35	
	油豆腐（＋2.5公克油脂）	55	
	豆豉	35	
	五香豆干	35	
	素雞	40	
	黃豆干	70	
	傳統豆腐	80	
	嫩豆腐	140（1/2盒）	
	每份含蛋白質7公克，脂肪10公克，熱量120大卡		
	麵筋泡	20	

資料來源：行政院衛生署

表1-10　各類食物代換表——蔬菜

蔬菜	每份100公克（可食部分）含蛋白質1公克，醣類5公克，熱量25大卡					
	冬瓜	海苔	白莧菜	花菜	絲瓜（角瓜）	苦瓜
	鮮雪裡紅	空心菜	葫蘆	小白菜	綠竹筍	菁藍
	佛手瓜	大白菜	金針（濕）	綠豆芽	大心菜（帶葉）	捲心萵菜、青江菜

蔬菜	＊油菜	大黃瓜	苜蓿芽	芥藍菜	石筍	扁蒲
	＊大頭菜	韭菜	＊茼萵菜	蘿蔔	萵仔菜	西洋菜
	高麗菜	絲瓜（長）	捲心芥菜	麻竹筍	芥菜	芋莖
	＊萵苣	桂竹筍	蘆筍	芹菜	韭黃	＊京水菜
	＊鮑魚菇	木耳（濕）	番茄（小）	＊胡蘿蔔	紅鳳菜	茄子
	番茄（大）	小黃瓜	皇宮菜	萵苣莖	扁豆	
	玉蜀黍	韭菜花	青椒	茄茉菜	菱白筍	蘆筍（罐頭）
	洋蔥	＊冬筍	紫色甘藍			
	玉米筍	紅菜豆	菜豆	＊美國菜花	金絲菇	水甕菜
	肉豆	小麥草	四季豆	九層塔	＊龍鬚菜	＊豌豆苗
	榻棵菜	＊孟宗筍	洋菇	豌豆嬰	＊菠菜	甜豌豆夾
	＊菠菜	甜豌豆夾菜	＊黃豆芽	冬莧菜	角菜	豌豆莢
	皇帝豆	高麗菜心	＊紅莧菜	蘑菇	黃秋葵	水蕨菜
	＊草菇	黃秋葵	蘆筍花	香菇（濕）	番薯葉	

註：1.醃製品之蔬菜類含鈉量高，應少量食用。

2.＊表每份蔬菜類含鉀量300毫克（資料來源：靜宜大學高教授美丁）。

3.表下欄之蔬菜蛋白質含量較高。

資料來源：行政院衛生署

表1-11-1　各類食物代換表——水果

每份含醣類15公克，熱量60大卡				
食物名稱	購買量（公克）	可食量（公克）	份量（個）	備註 直徑×高（公分）
水果 香瓜	185	130		
紅柿（6個／斤）	75	70	3/4	
浸柿（硬）（4個／斤）	100	90	2/5	
紅毛丹	145	75		
柿干（11個／斤）	35	30	2/3	
黑棗	20	20	4	
李子（14個／斤）	155	145	4	
石榴（1.5個／斤）	150	90	1/3	

每份含醣類15公克，熱量60大卡				
食物名稱	購買量 （公克）	可食量 （公克）	份量 （個）	備註 直徑×高 （公分）
人心果	85			
蘋果（4個／斤）	125	110	4/5	
葡萄	125	100	13	
橫山新興梨（2個／斤）	140	120	1/2	
紅棗	25	20	9	
葡萄柚（1.5個／斤）	170	140	2/5	
楊桃（2個／斤）	190	180	2/3	
百香果（8個／斤）	130	60	1.5	
櫻桃	85	80	9	
24世紀冬梨（2.75個／斤）	155	130	2/5	
桶柑	150	115	5	
山竹（6.75個／斤）	440	90	5	
荔枝（27個／斤）	110	90		
枇杷	190	125		
榴槤	35			
仙桃	75	50		
香蕉（3⅓根／斤）	75	55	1/2	（小）
椰子	475	75		
白文旦（1⅙個／斤）	190	115	1/3	10×13

資料來源：行政院衛生署

表1-11-2　各類食物代換表──水果

食物名稱	購買量 （公克）	可食量 （公克）	份量 （個）	備註 直徑×高 （公分）
白柚（4斤／個）	270	150	1/10	18.5×14.4
加州李（4.25個／斤）	130	120	1	
蓮霧（7⅓個／斤）	235	225	3	
椪柑（3個／斤）	180	150	1	
龍眼	130	80		
水蜜桃（4個／斤）	145	135	1	

食物名稱	購買量（公克）	可食量（公克）	份量（個）	備註 直徑×高（公分）
水果　紅柚（2斤／個）	280	160	1/5	（小）
油柑（金棗）（30個／斤）	120	120	6	
龍眼乾	90	30		
芒果（1個／斤）	150	100	1/4	
鳳梨（4.5斤／個）	205	125	1/10	9.2×7.0
柳丁（4個／斤）	170	130	1	
＊太陽瓜	240	215		（大）
奇異果（6個／斤）	125	110	1.25	
釋迦（2個／斤）	130	60	2/5	
檸檬（$3\frac{1}{3}$個／斤）	280	190	1 1/2	
鳳眼果	60	35		
紅西瓜（20斤／個）	300	180	1片	
番石榴（泰國）（$1\frac{3}{5}$個／斤）	180	140	1/2	1/4個切8片
＊草莓（32個／斤）	170	160	9	
木瓜（1個／斤）	275	200	1/6	
鴨梨（1.25個／斤）	135	95	1/4	
梨仔瓜（美濃）（1.25個／斤）	255	165	1/2	
黃西瓜（5.5斤／個）	335	210	1/10	
綠棗（E.P.）（11個／斤）	145	3		
桃子	250	220		6.5×7.5
＊哈蜜瓜（1.8斤／個）	455	330	2/5	19×19

註：1.＊每份水果類含鉀量SYMBOL 179 \f "Symbol"300毫克
（資料來源：靜宜大學高教授美丁）。
2.黃西瓜、綠棗、桃子、哈蜜瓜蛋白質含量較高。
資料來源：行政院衛生署

表1-12 各類食物代換表——油脂類

食物名稱	購買重量（公克）	可食部分重量（公克）	可食份量
植物油（大豆油、玉米油、紅花子油、葵花子油、花生油）	5	5	1茶匙
動物油（豬油、牛油）	5	5	1茶匙
麻油	5	5	1茶匙
椰子油	5	5	1茶匙
瑪琪琳	5	5	1茶匙
蛋黃醬	5	5	1茶匙
沙拉醬（法國式、義大利式）	10	10	2茶匙
鮮奶油	15	15	1湯匙
＊奶油乳酪	12	12	2茶匙
＊腰果	8	8	5粒
＊各式花生	8	8	10粒
花生粉	8	8	1湯匙
＊花生醬	8	8	1茶匙
＊黑（白）芝麻	8	8	2茶匙
＊開心果	14	7	10 粒
＊核桃仁	7	7	2粒
＊杏仁果	7	7	5粒
＊瓜子	20（約50粒）	7	1湯匙
＊南瓜子	12（約30粒）	8	1湯匙
＊培根	40	10	1片 25×3.5×0.1公分
酪梨		30	2湯匙

（表頭上方：每份含脂肪5公克，熱量45大卡；左側直欄：油脂類）

註：＊熱量主要來自脂肪，但亦含有少許蛋白質（1公克）。
資料來源：行政院衛生署

第五節　幼兒期生理

每一位小孩大多與同年齡的小孩成長速度差不多，但仍有個別差異。因爲每位小孩的遺傳基因不同，受到父母的照顧環境有差異，小孩出生後個人的健康狀態也不同。幼兒身體是否正常發育可由幼兒生長曲線、皮膚、臉部、軀幹、四肢來做評估。

一、幼兒生長曲線

爲了解0-5歲幼兒的成長狀況，世界衛生組織以跨國性的合作，選取0-5歲的幼兒——其選取標準爲0-5歲幼兒以母乳哺育並適時添加副食品、有良好的衛生照顧、母親不吸煙，進行分析，並以身高、體重繪製適用全球0-5歲兒童生長標準曲線圖，並於2006年發布供世界各國參考。

(一)兒童生長曲線圖的應用

1. 新版兒童生長曲線圖摺頁正反兩面，分爲男孩、女孩身長（高）、體重與頭圍等三個生長指標之百分位圖，每張圖上均有五條曲線，由上而下分別代表同年齡層之第97、85、50、15、3百分位（請參考衛生福利部國民健康署http://healthaa.hpa.gov.tw/onlinkhealth/Quiz_Grow.aspx）。

2. 可以按寶寶性別，先找到橫向座標標示的寶寶足月／年齡，再對照縱向座標標示之身長／身高、體重與頭圍數值，就可以找到寶寶在同年齡層小孩的百分位。

   以滿1歲男孩身高75公分爲例，大約在第50百分位，就表示在一百位同一年齡層的寶寶裡，排在中間位置。

3. 一般而言，嬰幼兒之生長指標若落在第97及第3百分位兩線之間均屬正常，否則就要考慮該項生長指標有過高或過低之情形。要強調的是，兒童生長曲線是連續性的，除了觀察每個落點外，其連線也應該要依循生長曲線的走勢，如果走勢變平、變陡或呈現鋸齒狀，都代表嬰幼兒的成長出現變化，須請醫師評估檢查。

   幼兒的身高體重可以表示其成長狀況，下表表示一百位幼兒中排在第50位的身高、體重，在同年齡男女孩的身高體重仍有差異。

表1-13　幼兒在50百分位的身高體重

足月齡	男孩		女孩	
	身高（公分）	體重（公斤）	身高（公分）	體重（公斤）
2歲9個月	94.1	13.8	92.9	13.3
3歲9個月	101.6	15.8	100.9	15.5
4歲9個月	108.3	17.8	107.8	17.7

幼兒的身高與體重受到遺傳基因、營養狀況、疾病影響：

1. 遺傳基因：父母體型有一位較小，小孩體型小是正常的。患有杜勒氏症（Turner's Syndrom）因沒有X染色體，只有45條染色體，女孩的身高會有成長的障礙。有的小孩生長激素缺乏也會影響身高，在六歲以前如發現生長激素缺乏，補充適當的生長激素就可以發展正常的身高。

2. 營養狀況：攝取均衡的食物，幼兒會正常地成長，因貧窮、父母照顧不當或缺乏知識會因營養不良阻礙幼兒的發育。

3. 疾病：長期因疾病的影響，會減緩幼兒的生長與發育，小孩越小所生的疾病越嚴重。

4. 壓力：小孩因不快樂、憂傷、生病或受虐均會影響他的發育。

5. 活動狀況：幼兒缺乏活動會導致肌肉不結實，然而進食過多會造成脂肪組織過多。小孩出生時頭長為身長的四分之一，到了七歲頭長為身長的六分之一。

二、皮膚

健康的小孩皮膚有正常的質地與色澤，沒有不正常的顏色、斑點、紋路，或異常的腫起。先天腎上腺肥大的病人因腎上腺皮質激素大量增加導致黑色素沉澱而有較黑的皮膚。臉部原本紅潤，突然變蒼白、心跳加速、尿液色變深，此為急性溶血，即缺乏葡萄糖─六─磷酸鹽脫氫酶，即蠶豆症。

三、臉部

健康的小孩具對稱性，耳朵位置、大小具平衡協調感，眼睛距離、顏色、活動度正常，瞳孔大小對光的反應正常。幼兒眼睛黑白分明，有些幼兒眼睛水晶體混濁而有白內障的現象。部分幼兒睫毛往內長刺激角膜，應將睫毛剪短。

四、軀幹

健康的小孩軀幹對稱，腹部形狀正常，脊柱直不彎曲。

五、四肢

健康的小孩兩手對稱，能自由活動，手腳掌紋、指甲正常，肌肉具活力。

六、腦的發育

一個人聰明與否，並不能由腦的輕重來決定，主要是由腦細胞的數目、特質及分工情形來決定。一般一週歲時，腦的重量為出生的2.5倍，三歲時約為3倍。根據研究報導指出，出生後二年內營養缺乏的小孩，其腦部受到損害，智力的發展較慢，將永遠無法補救。因此，在幼兒期應供給腦部營養的食物如蛋黃、魚、牛奶、蔬菜、水果等食物。

七、骨骼的發育

骨骼的發育在出生第一年發育很快，第二年就趨緩慢，至二十歲才發育停止。在身體的發育中，骨骼的發育非常重要，因為它是一個人的骨架，有了良好的骨骼才有良好的姿勢及保護人體的內臟。由於身體各部位不同，其硬化速度不一，女孩的骨骼發育較男孩為快，甲狀腺分泌多者骨骼之成長亦快，鈣量攝取量多者骨骼的發育快且堅實。在幼童應多給予含鈣質高的食物，如脫脂奶、全脂牛奶、蛤蚌、小魚乾、豆腐、綠葉菜、芥藍莖等食物。

八、牙齒的成長

人類的牙齒是食物進入消化系統的第一關，它不僅與個人的健康有密切關係，同時影響一個人的外表與語言發展。一個人的牙齒在胎兒期就開始生長，至出生時已有了乳齒的根基，至二歲半才完成了乳齒的成長。長牙的時間與嬰兒出生時的體重、營養、性別、生活狀態有關係，所以在食物給予方面應注意鈣質含量高的食物之攝取，同時應視牙齒的成長狀態先給予軟質較易消化的食物，至牙齒已長好再給予脆硬性的食物。

九、消化器官方面

由於幼兒的胃容積小，消化速度及生長速度快，所以須採用少量多餐來補足所需的營養素。

第六節　幼兒期的飲食心理

幼兒期是人生發展最重要的時期，在人格、社會行為、情緒各方面均有急速發展，其思考特徵常為具體性、自我中心、富模仿性、具好奇心。飲食亦受思考影響，要設計菜單須了解其各階段的心理發展，方可設計出適合他飲食的菜色，現依各年齡來介紹。

一、二歲

此期小孩常有一些不良飲食行為，會挑選食物的味道、組織、顏色，這時最好給予份量少而且單獨性的食物，讓他認識各種食物單獨的口味，以後再慢慢介紹新的食物。

父母或老師給予此階段小孩的食物時應讓他固定地地點將食物吃完，不要讓他邊走邊吃。

不要養成小孩一哭就給食的習慣，會養成日後遇到挫折就以食物來填塞的習慣。

二、三歲

此期可藉由入幼稚園與小朋友共餐，改掉偏食的習慣。他對食物的名稱已有了認識，因此幼稚園內可做一些基本認識食物的教學。

此期的小孩含有反抗心理，會將「不要」帶到餐桌上來。當孩子吃飯時發脾氣，父母及老師可暫時不理他，過一會再裝作若無其事看他吃完。

三歲時飲食習性可塑性大，應訓練他吃東西細嚼慢嚥、菜飯交替吃、不偏食，應教導進餐基本禮節。

三、四歲

四歲幼兒吃食物的速度較快，可協助準備飯前擺桌椅，並訓練他將吃過的剩菜、空碗收拾好。

此階段常有吃飯時愛說話、不能安靜坐著，須老師飯前先做提醒這些不好的行為，以免發生後再來抑制。

四、五歲

此階段食慾增加，肌肉發展較好，因此可設計一些菜單讓他與父母或老師一同完成，以增加彼此之間的感情。

由李彥霖研究指出台灣台北市四至六歲幼兒最喜歡的食物依序為草莓、香蕉、炸雞、薯條、蘋果、巧克力、蛋糕、小黃瓜、糖果、冰淇淋、麻糬，最不喜歡的有苦瓜、臭豆腐、榴槤、薑、蒜、香菜、茄子、青椒、青菜、肉、香菇、木耳。

營養補給站

世界各地因不同氣候而有不同的物產，台灣地處亞熱帶，蔬菜、水果的種類十分繁多，加上生物科技技術發達，台灣可稱為寶島。

為了了解食物中的營養成分，行政院衛生署將食物分為六大類，依各大類食物所含的主要營養素，蛋白質、脂肪、醣類，做好歸類，為教導國人對熱量的認識，每類食物訂定主要營養素含量，但取不同重量，做成食物代換表。學習者一定要從基本的食物分類、營養素分類與功用、食物代換表學到基本的概念，才能使幼兒得到適量的營養，建立健康的體魄。

兒童期是建立個人良好健康習慣與態度的時期，經由重複地學習經驗將見建立一個人良好的飲食態度與正確的飲食行為。

分析討論

食物分為六大類，奶類是最完整的食物含有豐富的蛋白質、脂肪、醣、維生素、礦物質。

豆、魚、肉、蛋類含有好品質的蛋白質、脂肪、維生素、礦物質；蔬菜類有少量蛋白質及豐富的維生素、礦物質；水果類有醣類、維生素、礦物質；全穀根莖類有蛋白質、醣、維生素、礦物質；油脂類有脂肪及堅果種子類。

食物中如果含有醣、脂肪、蛋白質就可提供熱量，因此各類食物均含熱量，只是熱量高低不同，各類食物所含的營養成分也不相同，因此每人須均衡地攝取各種不同的食物。

食物進入人體消化器官其分解吸收情形如下：

口腔含有唾液澱粉酶能將澱粉分解為糊精。

胃中含有胃蛋白酶和鹽酸可將蛋白質分解為蛋白腖和蛋白腖。胃中有解脂酶可將三甘酸油酯分解為甘油和脂肪酸。

食物至小腸時小腸有胰蛋白酶，胰凝乳蛋白酶可將蛋白質分解成雙胜類或複胜類，腸液可將它再分解為胺基酸。

　　小腸中肝及膽囊分泌膽汁將脂肪分解成乳糜化脂肪球，胰解脂酶將脂肪分解成脂肪酸被人體吸收。

　　人體十二直腸吸收鐵、鈣、鎂，空腸吸收葡萄糖、水溶性維生素（B_1、B_2、B_6、C），迴腸吸收葉酸、胺基酸、脂肪酸、維生素（A、D、E、K）、維生素B_{12}，大腸吸收鈉、鉀、維生素K及水分。

延伸思考

1. 各類食物均含有熱量，只是熱量高低不一。
2. 每類食物所含的營養成分不一樣，要均衡攝取各種食物。
3. 人體器官含各種不同酶分解食物中的成分。
4. 分解的食物成分由大分子變成小分子，在小腸中每一部分被吸收至人體被利用。

第二章

幼兒期營養與飲食

第一節　幼兒期營養需求

　　幼兒其生長發育十分快速，必須藉由攝取食物中的營養素而達成的。小孩的體軀雖小但因為了製造體內的骨骼、血液，每單位體重所需的營養素比成年人還多。雖然所需的營養素多，但亦不能毫無選擇地亂吃，須有正確的飲食計畫，方可發育出健康的孩子。

　　正確的飲食計畫，即為均衡地攝取各種營養素。所謂營養素，就是食物吃進人體後，經由消化作用變成為人體所吸收、利用的有效物質。一般將營養素分為六大類，除了水之外，尚有蛋白質、醣類、脂質、礦物質、維生素，由六大類食物來供應。

一、蛋白質

　　為生長和構成身體的重要物質。食物中肉類、魚類、豆類、蛋類及奶類，含有豐富的蛋白質。幼兒的牙齒、骨骼、器官的成長需要大量的蛋白質，不僅所攝取的蛋白質量要夠，質更要求好。

二、醣類

　　為維持生命及供給身體熱量。尤以東方人熱量50-60%由醣類中獲得，五穀根莖類中含量十分豐富，奶類與水果及一部分的蔬菜亦含之。

三、脂肪

　　供給身體熱量。一般含於如沙拉油、奶油、豬油、肥肉中。

四、礦物質

　　為調節身體代謝所必需。它廣泛存於各類食物中，礦物質中以鈣、鐵、碘對幼兒十分重要。

(一)鈣

小孩的骨骼、牙齒的成長須有足夠的鈣質,牛奶是含鈣質最豐富的食物,幼童每日引用二至三杯牛奶即可獲得足夠的鈣質,同時牛奶中含有乳糖、維生素D可促進鈣質被人體吸收與利用的能力。綠色蔬菜如芥菜、莧菜、芥藍菜;海產類如蛤蜊、牡蠣、魚、蝦;蛋、豆類均為鈣質的良好來源。

(二)鐵

幼童身體正於生長發育期,身體血液、組織、器官成長須有足夠的鐵質。動物的肝臟、腎臟是最好的鐵質來源,瘦肉、蛋黃、牡蠣、豆干、乾果(如葡萄乾、紅棗、黑棗)亦含有相當量的鐵質。

(三)碘

碘是構成甲狀腺的主要成分,而甲狀腺是刺激和調節體內細胞的氧化作用,因此碘會影響人體的新陳代謝,包括身體的發育、智力發展、神經及肌肉功能以及各種營養素的新陳代謝。食物中如海魚、海蝦、海帶、紫菜均含有豐富的碘。

五、維生素

為調節生理機能及身體新陳代謝所必需。經調查結果顯示出幼兒維生素B_2普遍攝取量不足,所以在幼童餐時調配應特別注意其攝取量。

(一)維生素A

可維持眼睛在黑暗光線下有正常視力,並可維持上表皮組織的完整,抵抗疾病的入侵。食物中如魚肝油、牛奶、奶油、肝臟、蛋黃含有豐富得維生素A。紅心番薯、紅蘿蔔、南瓜、芒果、木瓜、番茄含量亦豐富。

(二)維生素B_1

可使人有良好的食慾,促使腸胃蠕動正常,使食物易為人消化吸收。它含於經碾磨的穀物中、瘦肉、肝臟、豆干、蛋黃、花生、黃豆。

㈢維生素B$_2$

可使人有良好的食慾，傷口癒合快，避免口角炎、舌炎及眼睛怕光。食物中以牛奶、肝、腎、心含量豐富，瘦肉、綠色蔬菜亦含之。

㈣維生素C

為供給構造支持組織所必需的細胞間結合物質，如血管壁之強度。如缺乏容易導致傷口癒合不良、牙齦出血。含維生素C的食物，以水果中最豐富，如檸檬、橘、柳丁、文旦、番茄、番石榴、鳳梨等含之。蔬菜含有，但蔬菜常經加熱烹調後保存量較為有限。

㈤維生素D

協助鈣質被人體吸收利用。食物中如魚肝油、蛋黃、肝臟、魚類含量豐富的維生素D，牛奶中含豐富的鈣質，為使其鈣質的利用單位增加，所以每四杯牛奶中一般已加入400國際單位的維生素D。

為了方便起見，將列出食物中營養素的來供用以供作參考之用。如下表。

若要營養好，就必須每天從「六大類基本食物」中，每類選吃一、二樣。因為六大類基本食物可提供我們人體所需的均衡營養。

表2-1　各大類食物所含主要營養

六大類基本食物	主要營養素	食物舉例
水果類	醣、維生素、礦物質	台灣盛產水果如橘子、木瓜等。
蔬菜類	蛋白質、醣類、維生素、礦物質、纖維素	深綠色、深黃紅色蔬菜所含的營養素比淺顏色的多。
油脂及堅果種子類	脂質	炒菜用的油、肥肉、花生、核桃、沙拉醬等。
全穀根莖類	醣類（碳水化合物）、蛋白質、維生素、礦物質	米飯、饅頭、麵包、甘薯等。
豆、魚、肉、蛋類	蛋白質、脂質、維生素、礦物質	雞、鴨、牛、羊、豬肉、魚、豆腐、豆干、豆漿、蛋、牛奶等。
奶類	蛋白質、醣、脂質、維生素、礦物質	全脂奶、脫脂奶、低脂奶等。

行政院衛生署建議三至六歲幼兒每日飲食建議量如下表：

表2-2　幼兒每日飲食建議量

食　物＼年　齡	三　歲	四－六歲
水果	1/3個-1個	1/2個-1個
蔬菜　（深色） 　　　（其他）	1兩 1兩	1.5兩 1.5兩
油脂	1大匙	1.5大匙
五穀根莖類	1-1.5碗	1.5-2碗
肉類	1/3兩	1/2兩
魚類	1/3兩	1/2兩
豆類	1/3塊	1/2塊
蛋類	1個	1個
奶類	2杯	2杯

根據糧食統計及膳食調查，發現：

表2-3　幼兒容易缺乏的營養素及補充食物

國人容易缺乏的營養素	可吃下列食物來補充
維生素B$_2$	酵母（即健素）、肝臟、深綠色蔬菜、肉、蛋、豆類。
維生素A	肝臟、魚肝油、深綠色或深黃紅色蔬菜、水果。
鈣　　質	牛奶、豆腐、深綠色蔬菜、小魚肝。
鐵　　質	肝臟肉類、蛋黃、深綠色蔬菜。

第二節　幼兒期飲食指南

由表2-4可見，一到三歲的幼童，男生的身高是90-92公分，女生是90-91公分；男女生的體重都是12.3-13公斤；所需熱量，男女生均為1150-1350大卡。

表2-4 國人膳食營養素參考攝取量 修訂第七版（行政院衛生署）

營養素 單位／年齡(1)	身高 公分(cm) 男	 女	體重 公斤(kg) 男	 女	熱量(2)(3) 大卡(kcal) 男	 女	蛋白質(4) 公克(g)	維生素A(6) 微克(μgRE) AI	維生素D(7) 微克(μg) AI	維生素B(8) 毫克(mg α-TB) AI	維生素K 微克(μg) AI
0-6月	61	60	6	6	100／公斤		2.3／公斤	AI＝400	10	3	2.0
7-12月	72	70	9	8	90／公斤		2.1／公斤	AI＝400	10	4	2.5
1-3歲 （稍低） （適度）	92	91	13	13	1150 1350	1150 1350	20	400	5	5	30
4-6歲 （稍低） （適度）	113	112	20	19	1550 1800	1400 1650	30	400	5	6	55
7-9歲 （稍低） （適度）	130	130	28	27	1800 2100	1650 1900	40	400	5	8	55
10-12歲 （稍低） （適度）	147	148	38	39	2050 2350	1950 2250	男 55 女 50	男 500 女 500	5	10	60

營養素 單位／年齡(1)	身高 公分(cm) 男	女	體重 公斤(kg) 男	女	熱量(2)(3) 大卡(kcal) 男	女	蛋白質(4) 公克(g) 男	女	維生素A(6) 微克(μgRE) 男	女	維生素D(7) 微克(μg)	維生素B(8) 毫克(mg α-TB)	維生素K 微克(μg) 男	女
13-15歲	168	158	55	49			70	60	600	500	5	12		75
（稍低）					2400	2050								
（適度）					2800	2350								
16-18歲	172	160	62	51			75	55	700	500	5	13		75
（低）					2150	1650								
（稍低）					2500	1900								
（適度）					2900	2250								
（高）					3350	2550								
19-30歲	171	159	64	52			60	50	600	500	5	12	120	90
（低）					1850	1450								
（稍低）					2150	1650								
（適度）					2400	1900								
（高）					2700	2100								
31-50歲	170	157	64	54			60	50	600	500	5	12	120	90
（低）					1800	1450								
（稍低）					2100	1650								
（適度）					2400	1900								
（高）					2650	2100								

幼兒膳食營養與設計

營養素 單位／年齡(1)	身高 公分(cm)	體重 公斤(kg)	熱量(2)(3) 大卡(kcal)	蛋白質(4) 公分(g)	維生素A(6) 微克(µgRE)	維生素D(7) 微克(µg)	維生素B(8) 毫克(mg α-TB)	維生素K 微克(µg)
51-70歲 (低)	165　153	60　52	1700　1400	55　50	600　500	10	12	120　90
（稍低）			1950　1600					
（適度）			2250　1800					
（高）			2500　2000					
71歲- (低)	163　150	58　50	1650　1300	60　50	600　500	10	12	120　90
（稍低）			1900　1500					
（適度）			2150　1700					
懷孕 第一期			＋0	＋10	＋0	＋5	＋2	＋0
第二期			＋300	＋10	＋0	＋5	＋2	＋0
第三期			＋300	＋10	＋100	＋5	＋2	＋0
哺乳期			＋500	＋15	＋400	＋5	＋3	＋0

* 表中未標明AI（足夠攝取量Adequate Intakes）值者，即為RDA（Recommended Dietary allowance）值。

（註）：(1)年齡係以足歲計算。

(2)1大卡（Cal; kcal）＝4.184仟焦耳（kj）。

營養素 單位／年齡(1)	生物素 微克(μg) AI	泛酸 毫克(mg) AI	鈣 毫克(mg) AI	磷 毫克(mg) AI	鎂 毫克(mg)	鐵(5) 毫克(mg)	鋅 毫克(mg) AI	碘 微克(μg)	硒 微克(μg) AI	氟 毫克(mg) AI
0-6月	5.0	1.7	300	200	AI = 25	7	5	AI = 110	AI = 15	0.1
7-12月	6.5	1.8	400	300	AI = 70	10	5	AI = 130	AI = 20	0.4
1-3歲 (稍低)(適度)	9.0	2.0	500	400	80	10	5	65	20	0.7
4-6歲 (稍低)(適度)	12.0	2.5	600	500	120	10	5	90	25	1.0
7-9歲 (稍低)(適度)	16.0	3.0	800	600	170	10	8	100	30	1.5
10-12歲 (稍低)(適度)	20.0	4.0	1000	800	男 230　女 230	15	10	110	40	2.0

營養素 單位／年齡(1)	生物素 微克(μg)	泛酸 毫克(mg)	鈣 毫克(mg)	磷 毫克(mg)	鎂 毫克(mg) 男	女	鐵(5) 毫克(mg) 男	女	鋅 毫克(mg) 男	女	碘 微克(μg)	硒 微克(μg)	氟 毫克(mg)
13-15歲	25.0	4.5	1200	1000	350	320	15		15	12	120	50	3.0
（稍低）													
（適度）													
16-18歲	27.0	5.0	1200	1000	390	330	15		15	12	130	55	3.0
（低）													
（稍低）													
（適度）													
（高）													
19-30歲	30.0	5.0	1000	800	380	320	10	15	15	12	140	55	3.0
（低）													
（稍低）													
（適度）													
（高）													
31-50歲	30.0	5.0	1000	800	380	320	10	15	15	12	140	55	3.0
（低）													
（稍低）													
（適度）													
（高）													

營養素 單位／年齡(1)	生物素 微克 (μg)	泛酸 毫克 (mg)	鈣 毫克 (mg)	磷 毫克 (mg)	鎂 毫克 (mg)	鐵(5) 毫克 (mg)	鋅 毫克 (mg)	碘 微克 (μg)	硒 微克 (μg)	氟 毫克 (mg)
51-70歲 (低)(稍低)(適度)(高)	30.0	5.0	1000	800	360 310	10	15 12	140	55	3.0
71歲- (低)(稍低)(適度)	30.0	5.0	1000	800	350 300	10	15 12	140	55	3.0
懷孕 第一期	+0	+1.0	+0	+0	+35	+0	+3	+60	+5	+0
第二期	+0	+1.0	+0	+0	+35	+0	+3	+60	+5	+0
第三期	+0	+1.0	+0	+0	+35	+30	+3	+60	+5	+0
哺乳期	+5.0	+2.0	+0	+0	+0	+30	+3	+110	+15	+0

(6) R.E. (Retinol Equivent) 即視網醇當量。1μg R.E.＝1μg 視網醇 (Retinol) ＝6 μg β-胡蘿蔔素 (β-Carotene)。

(7) 維生素D係以維生素D_3 (Chelecaliferol) 為計量標準。1μg＝40 I.U. 維生素D_3。

(8) α-T.E. (α-Tocopherol Equivalent) 即 α 生育醇當量。1mg α-T.E.＝1mg α-Tocopherol。

(9) N.E. (Niacin Equivalent) 即菸鹼素當量。菸鹼素包括菸鹼酸及菸鹼醯胺，即菸鹼素當量表示之。

四至六歲的幼童，男生的身高是110-113公分，女生是110-112公分；體重，男女大概19-20公斤；每日所需熱量，男生1450-1800大卡，女生是1300-1650大卡。

幼兒每日飲食指南

一、幼兒每日需2杯牛奶

經過營養調查研究顯示幼兒牛奶攝取量不足，但是牛奶是幼兒骨骼鈣化和成長所必需的。

二、幼兒應該是以黃豆和豆製品來取代部分的肉類

由於全球暖化、氣候變遷，黃豆製品有豐富蛋白質可取代肉類。

三、選擇季節性的新鮮食物，避免用加工食品

盡量食用當季的蔬菜水果。

四、用低鹽、低糖、低油的飲食

讓幼兒吃清淡的食物，少用高油脂或油炸的食物，減少調味品的使用。

五、多喝開水，養成喝水的習慣，避免含糖、含咖啡因的飲料

六、注意飲食的衛生安全

購買食物時，注意食品的標示、外觀、來源及保存期限，避免攝入發霉或腐敗或受污染的食物。

七、熱量的分配原則

醣類50-60%，蛋白質10-20%，脂肪20-30%，三餐及點心之熱量分配：早餐30%，中餐30%，晚餐25%，三次點心5%。

第三節　幼兒期點心

「點心」是點到為止的意思，在正餐前兩個小時吃比較適宜。一般來說，早上十點或下午三、四點是供應點心最適當的時間。如果幼兒正餐的食慾很好，則可以不必供給點心；如果幼兒貪玩，正餐不好好吃，那就得供給點心，以補衝營養素。那麼，怎樣才是好的幼兒點心呢？

一、新鮮、容易消化

幼兒身體的健康十分重要，飲食中材料的品質要新鮮，並且選擇容易消化的食物。

二、熱量不高，且分配均勻

早餐、午餐、晚餐與點心的食物熱量分配大約是30%：30%：25%：15%。早餐與午餐的熱量約為360-500大卡；晚餐為300-400大卡；點心則為180-210大卡。若一天供應二次點心，則每次各約90-100大卡即可。

三、各種營養素的分配盡量均勻

例如：漢堡、三明治中即含有蛋白質、脂肪、醣類、維生素及礦物質等營養素。

四、注重色、香、味的搭配

一般來說，暖色系統如橙色、淺綠、淺粉紅、棕色的食物較能引起食慾。同時，盡量避免給幼兒吃辣椒、咖哩等強烈口味的食物。在幼兒牙齒未長好之前，太硬或纖維太多的食物也不適合。

五、注重外型的變化

外型多變化的食物比較容易吸引幼兒進食，例如：用模型將蔬菜刻成小動物形狀，或在飯中加些蔬菜做成炒飯，或用玻璃紙將食物包成糖果狀，都可引發幼兒的食慾。

六、注重餐具的搭配

人要衣裝，佛要金裝。如果有好的、小巧可愛而又安全的餐具盛裝點心，不但能襯托出食物的美觀，還可以促進幼兒的食慾。

七、注重衛生

幼兒的抵抗力弱，製作點心時，一定要注重衛生。家中最好準備兩塊砧板，一塊切生食，一塊切熟食；切菜刀、切肉刀、水果刀宜分開使用；抹布也很重要，要保持清潔。

八、利用各種不同的食材來製作點心

(一)以蛋為主要材料

蛋是一種營養豐富且價格相當便宜的食品，用它來變化、製作各種幼兒點心，既營養又香嫩可口。

由於蛋白具有起泡力，經拌打後，可做出較具鬆軟性的蛋糕類點心。若是利用蛋的凝固力，則可做出如布丁、派等入口滑嫩的點心。要做蒸蛋或布丁時，宜用小火，以免成品會出現大大小小的孔洞，影響外觀。

(二)以肉類為主要材料

肉類所含的蛋白質品質相當好，同時還含有大量的磷、鐵及維生素A、B_2。用肉類來製作幼兒點心不至於使孩子感到太油膩而吃不下。

您可以拌入糖醋口味，或將肉與蔬菜配合成串去烤等方式，提高孩子的興趣。一般豬肉以腰內肉及胛心肉較嫩，可多利用此部分的肉。腿肉較老，宜絞碎後使用。

(三)以麵粉為主要材料

麵粉可以變化出無數精美的麵點。可以選用一些較不油膩的方式來製作，例如：冷水麵、燙水麵、麵糊類的成品。至於油酥性的成品製作，則應考慮在冬天製作。

在選用麵粉方面，中式用的麵點多半是中筋麵粉，蛋糕用的是低筋麵粉，麵包則要用高筋麵粉。

(四)以根莖類蔬菜為主要材料

根莖類蔬菜（例如：番薯、芋頭、馬鈴薯）含豐富的醣質、礦物質、維生素，以及少量的蛋白質。現代人的飲食中常缺乏纖維素，容易造成便祕。根莖類蔬菜價格便宜，但它們所含的纖維素卻可以改善人體的代謝循環，尤其是用它們來製作的成品變化相當豐富，很容易獲得孩子的歡心。

第四節　幼兒期親子互動食譜

由於少子化，家長都給予小孩優渥的生活，捨不得小孩做事。在美國哈佛大學Bruner教授研究顯示，一切的學習均須與問題的發現為出發點，問題的發現與引發學習者的好奇心為主，小孩從小做家事將會培養其責任心與良好的行為。親子相互協助完成烹飪，幼兒藉著親子烹飪活動，體驗烹調的樂趣，培養自己動手做的習慣，不再茶來伸手、飯來張口，更能從親子共同的活動中感謝父母之愛，增進濃密的親子感情。

幼兒從親身參與烹調活動所獲得具體的知識、技巧與經驗，絕非傳統背誦教學可學習到的。可在工作中練習讓手眼協調，可於工作中認識各種不同的食物名稱、顏色、形狀及質感。在製作時也可發揮想像力，做出有創意的產品，由自己親手做出的成品更能引發食慾。父母親應注意安全，不能拿利刀而最好用塑膠蛋糕刀或模型讓小孩做切割，由簡單至困難。以易取得的材料及不複雜的動作，依幼兒的發展與能力，父母清楚正確地指示，全家一同備餐，讓家人的感情建立起來，使家庭更溫馨。現就依序介紹家庭可做的親子互動食譜。

一、飯糰

(一)材料（5人份）

長粒糯米　200公克	蘿蔔乾　1兩
油條　1條	紫菜片　5兩
肉鬆　3兩	火腿　5兩
保鮮膜	

(二)做法

　　1.長粒糯米加水煮成飯。

　　2.油條切成2公分段後，過油使其脆酥。

　　3.蘿蔔乾洗淨剁碎，加一湯匙油及1/2湯匙糖拌炒。

　　4.取保鮮膜平鋪，上鋪少許米飯，中央夾入油條段、肉鬆及蘿蔔乾，再包好壓緊成型即可，或可用火腿、紫菜、紅櫻桃，做成人物造型。

(三)孩子可以做什麼

　　1.搓洗糯米。

　　2.切油條。

　　3.用漏勺洗蘿蔔乾。

　　4.切碎火腿。

　　5.大人鋪適量飯後請幼兒放入油條段、肉鬆等材料。

　　6.壓成任何造型。

(四)指導方式與安全性

　　1.請父母給幼兒任意想像造型的空間。

　　2.請父母示範切東西時用刀的方法與該注意的安全。

3.適合兩歲以上幼兒操作。

㈤每份營養素含量

1.熱量345.5大卡

2.蛋白質21.5公克

3.脂質9公克

4.醣38公克

此道食譜中,肉鬆與火腿含豐富的蛋白質,糯米含豐富的醣,再吃少許蔬菜可為完整的一餐。

㈥給父母的話

搓洗糯米是幼童喜愛的工作,當糯米在手掌摩擦滑動時,幼兒實際認識糯米的形狀和質地。

切油條、火腿、紫菜時,幼兒必須利用視覺判斷大小,並配合手指頭細緻的動作技巧,才能夠切成一小塊或一小段的油條、火腿和紫菜。

幼兒運用掌力、腕力及觸感,將糯米和餡壓成各種形狀的飯糰,成就感油然而生,且可以發揮創意塑成各種造型,想像力和創造力在無形之間得以發展。

二、什錦火鍋

㈠材料（5人份）

小玉米　一個	半蝦子　4兩
大白菜　半個	草菇（毛菇）　3/4杯
青江菜　半斤	粉絲　1束
干貝　3個	蘆筍　1/2罐
冬菇　6朵	高湯　6杯
豆腐　2塊	鹽　11/2湯匙
蝦丸　10個	

㈢做法

1.大白菜切塊,青江菜取嫩莖,分別在開水內燙一下備用,豆腐切塊，蝦挑出腸泥、粉絲泡軟，蘆筍切平。

2. 火鍋內先放白菜，再放青江菜、冬菇、蝦丸、蝦、草菇、粉絲、蘆筍及干貝，並注入高湯，燒開後，改用火煮20分鐘。

3. 除以上材料外可用豬肉。

(三)孩子可以做什麼

1. 可請幼兒洗小玉米、大白菜、干貝、冬菇、蝦丸、草菇、粉絲、蘆筍等。

2. 請幼兒切大白菜，挑出蝦腸，泡粉絲進放香菇、豆腐等材料的準備。

(四)指導方式與安全性

1. 請盡量讓幼兒自己實際動手，經由摸索過程可增強其學習能力。

2. 引導幼兒輕輕放材料入火鍋中以免燙傷手。

3. 適合4-5歲以上幼兒。

(五)每份營養素含量

1. 熱量125大卡

2. 蛋白質12公克

3. 脂質2公克

4. 醣15公克

5. 維生素A、C

6. 礦物質鈣、鐵

(六)給父母的話

此道菜實為食物的大匯集，當幼兒清洗小玉米、大白菜、青江菜、干貝、冬菇、蝦丸、草菇、粉絲、蘆筍時，挑蝦腸也能發展手眼協調能力。

幼兒在切大白菜、豆腐當中，運用視覺判斷長度與體積大小的能力中發展，此外，挑蝦腸也能發展手眼協調能力。

當一樣樣的菜在火鍋中滾動，幼兒實際認識了水的沸騰與汽化，並親身體驗各種食物分類後，並發生質地、顏色與形狀上的奇妙變化。

三、什錦沙拉

(一)材料（5人份）

馬鈴薯　2個	生菜　4張
胡蘿蔔　1條	糖　1小匙
小黃瓜　2條	鹽　1小匙
火腿　1兩	胡椒粉　1/2小匙
番茄　1個	沙拉醬　1.5杯

(二)做法

1. 馬鈴薯、胡蘿蔔去皮切丁，加水煮熟，待冷備用。
2. 小黃瓜洗淨切丁，用少許鹽醃10分鐘，以冷開水沖過瀝乾備用。
3. 火腿切小丁，番茄切片。
4. 生菜用水洗淨，擦乾排盤。
5. 馬鈴薯搗成泥與胡蘿蔔、小黃瓜、火腿丁放入調味料抖勻，放生菜盤上。周圍可用蛋與番茄片裝飾。

(三)孩子可以做什麼

1. 洗菜。
2. 削胡蘿蔔皮。剝馬鈴薯（熟的）皮。
3. 將小黃瓜切丁。
4. 切火腿成丁。
5. 將熟的馬鈴薯搗成泥狀。
6. 泥狀馬鈴薯與胡蘿蔔、小黃瓜、火腿丁之攪拌。

(四)指導方式與安全性

1. 幼兒性喜玩水，故幫忙家事時，爸媽可先讓其穿上圍兜，捲起袖子自己來動手。
2. 媽媽可先示範如何操作。
3. 適合4歲以上幼兒操作。
4. 請給幼兒安全且易操作的小刀，如小水果刀、小刀。

(五)每份營養素含量

　　1.熱量134大卡

　　2.蛋白質4公克

　　3.脂質6公克

　　4.醣類16公克

　　5.維生素A

　　6.維生素C

此食物十分清淡，且所含的營養素十分豐富。

(六)給父母的話

　　洗菜是幼兒最喜愛的事，幼兒想像自己在為蔬菜洗澡呢！馬鈴薯、胡蘿蔔、小黃瓜、番茄是幼兒最常吃的蔬菜，在洗蔬菜的過中，幼兒經由視覺、觸覺、實際地認識他們的顏色、形狀、質地和名稱。

　　削胡蘿蔔皮、剝熟的馬鈴薯皮是有趣的實驗，從剝和削兩種不同的方法中，幼兒體認到熟馬鈴薯和生胡蘿蔔的皮到底有什麼不一樣。

　　把馬鈴薯搗成泥狀是有趣的工作，認識了熟馬鈴薯的質地，再與胡蘿蔔、小黃瓜、火腿丁攪拌一起時，所呈現的結果更是視覺美感的培養。

四、船形三明治

幼兒營養與餐點設計

(一)材料（5人份）

船形麵包　5個	鹽　1/2小匙
蛋黃醬（美乃滋）　5大匙	小黃瓜　1/2條
蛋　2.5個	火腿片　10片
細砂糖　1/2小匙	小櫻桃　5顆
酒　1/2小匙	

(二)做法

　　1.船形麵包中間切身，塗上沙拉醬1大匙。

　　2.蛋打散加入糖、酒、鹽（每次以1/2個蛋，加1/2小匙的糖、酒1/4

小匙）。

3.以弱火將蛋炒至半熟，夾入麵包中。

4.小黃瓜切薄片，整齊排列在蛋餡旁。

5.將火腿片捲起，排列在蛋餡的另一旁。

6.小櫻桃放在餡的正中間。

㈢孩子可以做什麼

1.擠沙拉醬塗在麵包中間。

2.打蛋。

3.洗小黃瓜。

4.捲火腿片。

㈣指導方式與安全性

1.只要多給予孩子練習的機會，「熟能生巧」。

2.「打蛋」是孩子們最愛幫忙的事。

3.硬度較低的果凍，可由3-4歲幼兒操作。

4.適合3歲以上的幼兒。

㈤每份營養素含量

1.熱量383.5大卡

2.蛋白質21.5公克

3.脂質17.5公克

4.醣類35公克

此食譜為完整的餐可搭配牛奶或果汁供應。

㈥給父母的話

　　幼兒用手擠沙拉醬，隨著幼兒用力的大小，沙拉醬或快或慢地從小洞被擠出來。因此，幼兒學習到如何控制自己手指的力量，並能體會用力大小與沙拉醬之速度及量的關係。

　　蛋殼被打破，蛋白包著蛋黃晶瑩剔透地流出來淌在碗中。經過幼兒攪打，成為混合之蛋液，最後，在熱鍋中又凝固成蛋塊。幼兒親自操作並觀賞這一連串奇妙的變化過程，對蛋的特性便有了深刻的認識。

幼兒在學習捲火腿片時，小心翼翼地進行，加強了小肌肉操作及手眼協調之能力。

五、火腿沙拉三明治

(一)材料（5人份）

火腿丁　6片　　　　　　　美乃滋　1/4杯

芹菜末　2根　　　　　　　吐司　10片（半條）

泡菜丁　2.5小匙　　　　　胡蘿蔔丁　1/2小匙

(二)做法

1.火腿丁、泡菜丁、胡蘿蔔丁、芹菜末拌勻。

2.麵包塗油。

3.夾入餡，即可。

(三)孩子可以做什麼

1.幫忙撿芹菜葉。

2.將火腿切丁。

3.將火腿丁、泡菜丁、胡蘿蔔丁、芹菜末攪拌。

(四)指導方式與安全性

讓孩子參與烹飪的準備工作，即使是撿芹菜葉，孩子們還是興致很高，畢竟「可以動手」是件很快樂的事。

1.切丁時應提供安全大小合適的刀子，並示範正確方式。

2.適合3歲以上幼兒操作。

(五)每份營養素含量

1.熱量152大卡

2.蛋白質8公克

3.脂質10公克

4.醣類7.5公克

　　幫忙洗菜和揀菜是幼兒所喜愛的工作。從揀芹菜中，幼兒知道莖和葉的不同，並了解人們食用的部分是芹菜的莖。

　　切菜是幼兒喜愛的工作，可以滿足操作的慾望，並可從中學習如何保護己身安全。當完整食物被切成小丁或細末，幼兒的成就感可不小，更了解盤中食物大多是經過切割而來的。

六、蝦仁吐司

(一)材料（5人份）

蝦仁　4兩　　　　　　　胡椒粉　1/3小匙

荸薺　4個　　　　　　　吐司麵包　10片（半條）

麵包屑　1/2杯（1包）　　香菜　10片

鹽　1/2小匙　　　　　　炸油適量

蔥薑末（共）　1/2小匙（蔥一根、薑一小塊）

(二)做法

　1.將蝦仁剁碎，荸薺亦剁碎，與麵包屑混合，加入蔥薑末、鹽、胡椒粉拌勻。

　2.上項之拌勻材料，均勻地塗在麵包上，在其上面鋪上香菜一片。

　3.炸油燒熱後，塗上料的麵包面向下，炸至蝦仁熟紅即可翻面撈起。

(三)孩子可以做什麼

　1.將蝦仁之腸泥挑起。

　2.參與「攪拌」及「塗」的工作。

(四)指導方式與安全性

　1.請父母示範挑蝦腸泥的方法，並協助幼兒共同進行，

　2.在幼兒初挑出腸泥，即予以稱讚，將增加他的興趣和信心。

　3.適合3歲以上幼兒的操作。

(五)每份營養素含量

    1.熱量172大卡

    2.蛋白質5.5公克

    3.脂質10公克

    4.醣類15公克

    此食譜適合冬天，幼兒所需熱量較高時。

(六)給父母的話

    幼兒在清洗處理蔥、薑與荸薺的過程中，透過視覺、觸覺、嗅覺認識其形狀、質感及味道。不僅豐富幼兒的常識，並對這些蔬菜有更深切的認識。

    將攪拌好的材料均勻地塗在吐司上面，是項融合技巧和藝術的工作，幼兒可以想像自己是個小畫家。小心翼翼地塗抹，鼓勵幼兒把這項工作做得完美。

    幼兒觀察鬆軟的白吐司被炸成脆酥的黃金蝦仁吐司，也是個奇妙的經驗，用手捏捏蝦仁吐司，好像海綿一樣吸了一些油呢！

七、五香春捲

(一)材料（5人份）

春捲皮	10張	調味料	鹽	1小匙
肉絲	4兩		味精	1/2小匙
豆芽菜	4兩		香油	1/2小匙
黃豆干	4兩	醃肉料	醬油	1小匙
高麗菜	4兩		糖	1小匙
胡蘿蔔	4兩		太白粉	1/2小匙

(二)做法

    1.肉絲加醃肉料拌醃20分鐘。

    2.黃豆干切細絲，胡蘿蔔切絲，高麗菜亦切絲。

    3.鍋中放油2小匙，將肉絲炒熟，加入豆干絲、胡蘿蔔、高麗菜絲，再加調味料拌勻。

4. 鍋中另以1小匙油炒綠豆芽，拌入炒好之菜中。

5. 將春捲皮平鋪，包入春捲餡，封口以太白粉汁沾上。

6. 起熱鍋加油3杯，由熱後放入春捲，炸至金黃即可。

(三)孩子可以做什麼

1. 揀綠豆芽菜，洗高麗菜、胡蘿蔔。

2. 切豆干。

3. 包春捲。

(四)指導方式與安全性

1. 請父母先示範揀豆芽、洗菜、切豆干及包春捲的正確方法。

2. 提供安全取大小合宜的刀，並注意切時的安全性。

3. 注意油炸時的安全，以免幼兒燙傷。

4. 適合3歲以上的幼兒。

(五)每份營養素含量

1. 熱量185大卡

2. 蛋白質13公克

3. 脂質7.5公克

4. 醣類16.5公克

此道食譜含多種營養素，可協助不吃肉類的小朋友戒除偏食習慣。

(六)給父母的話

幼兒幫忙揀豆芽、洗高麗菜與胡蘿蔔的過程中，藉由觸覺、視覺及聽覺，認識它們的形狀、顏色、質地及名稱，將高麗菜葉一片片摘下時，幼兒更觀察到葉脈的分布情形。

把許多食物放在春捲皮中，包起來成為長長白白的一條春捲，真像在變魔術呢！加深幼兒的物體恆存概念，知道東西包在春捲皮內，還是存在的！要包像爸媽包出來的春捲那麼好看，可不容易呢！需要多練習手眼協調的能力！

用太白粉液封春捲口時，幼兒實際認識了太白粉是不可缺少的黏著劑。幼兒觀察白而柔軟的春捲在油鍋中炸成金黃酥脆的春捲，深刻體驗到油炸的作用及食物奇妙的變化過程。

八、炒四色

(一)材料（5人份）

玉米粒	4兩	鹽	1小匙
胡蘿蔔	4兩	酒	1小匙
豌豆仁	4兩	味精	1/2小匙
香菇	1/2兩	油	2小匙

(二)做法

1. 香菇泡軟去蒂，切小丁。
2. 胡蘿蔔在開水中煮熟取出切小丁。
3. 豌豆仁在開水中燙一下，泡冷開水備用。
4. 鍋中熱油2小匙，先炒玉米粒、香菇丁，淋入酒及1/2杯泡香菇的水，煮至水分稍乾，倒入豌豆仁及胡蘿蔔丁加鹽、味精炒勻即可。

(三)孩子可以做什麼

1. 洗淨胡蘿蔔、香菇、豌豆仁、玉米粒（避免豌豆仁及玉米粒流失，可準備篩網）。
2. 香菇、胡蘿蔔切丁。

(四)指導方式與安全性

1. 請父母指導幼兒切丁技巧（大小合宜）。
2. 適合3歲以上的幼兒。
3. 請父母加強用刀安全及勿靠近爐火。

(五)每份營養素含量

1. 熱量174大卡
2. 蛋白質3公克

3.脂質10公克

4.醣類18公克

5.維生素A、B、C

其中玉米粒、豌豆仁亦提供豐富醣類。

(六)給父母的話

平時人們習慣用視覺認識物體的形狀和顏色，當幼兒在洗淨胡蘿蔔、香菇、豌豆及玉米粒的過程中，不但可以視覺，更配合觸覺實際認識這些蔬菜的顏色、形狀和質地呢！

九、沙拉蝦

(一)材料（5人份）

草蝦　6尾　　　　　　　高麗菜絲　4兩

生菜葉　3片　　　　　　沙拉醬適量（1小包）

(二)做法

1.草蝦剝殼（留尾巴）下鍋，用熱水燙一下。

2.生菜葉擺盤底，其上再擺生高麗菜絲；高麗菜絲上，再擺上蝦子，最後，擠沙拉醬在上面即完成。

(三)孩子可以做什麼

1.將蝦仁腸泥挑出。

2.洗菜。

3.擠沙拉醬在蝦仁上。

(四)指導方式與安全性

1.請父母示範挑蝦腸泥的方法，再與幼兒共同操作。

2.適合3歲以上幼兒操作。

(五)每份營養素含量

1.熱量73大卡

2.蛋白質7公克

3.脂質5公克

4.醣類

5.維生素C

色彩十分漂亮可引起小孩食慾。

(六)給父母的話

　　觀察去殼蝦仁在熱水中，由綠色轉變為白裡透紅的顏色，對幼兒來說是極為奇妙的視覺經驗，不但豐富生物常識，並且從中學會分析蝦內的生或熟。

　　把沙拉醬當作畫筆，隨著幼兒小手的控制，擠出不同的線條，不也是一幅小小創作！

十、玉兔盅

(一)材料（5人份）

柳丁　4個　　　　　　　　　　櫻桃適量

美國香菜　適量

(二)做法

　　1.將柳丁洗乾淨。

　　2.將柳丁之頭尾切平，等分七份（注意：底部須相連，只有上部分開）。

　　3.柳丁2.5公分一片，2/3部分的皮與肉分離，在分開的皮上，刻以V字型的花紋，但不能相接（不要割斷），然後與肉分離一端的皮向內擺。

(三)孩子可以做什麼

　　1.沖洗水果。

　　2.翻兔耳朵。

　　3.排盤裝飾。

　　4.請家人或客人吃。

(四)指導方式與安全性

    1.讓幼兒把此活動當成一件美勞工作，對造型、色彩及排列有更多的創意。

    2.較年長的孩子可嘗試切柳丁。

    3.適合3歲以上幼兒。

(五)每份營養素含量

    1.熱量40大卡

    2.醣類10公克

    3.維生素C

(六)給父母的話

    幼兒洗淨水果時，不但享受玩水的樂趣，且透過視覺、觸覺的感覺經驗實際認識水果的顏色、形狀、質地及名稱。

    幼兒將平整的水果柳丁皮翻成兔耳朵狀，是多麼有趣又奇妙的經驗！從請客人享用中，幼兒也學習了適當的應對禮節。

十一、炸魚條

(一)材料（5人份）

沙梭	5條		生菜葉	1顆
醃魚料	鹽	1/4小匙	麵糊	蛋	1個
	胡椒粉	1/8小匙		麵粉	3.5小匙
	薑酒汁	1/4小匙		水	適量
麵包粉	3/4杯			

(二)做法

    1.魚洗淨，用醃魚料醃15分鐘。

    2.麵粉、蛋、水拌成糊狀，將魚沾麵糊，均勻再沾麵包粉。

    3.油鍋中，由約2杯，燒至七分熱時，將魚放入，注意油溫不可太熱，否則外焦內不熟，炸至金黃色即可撈出。

4.盤緣圍生菜葉，放炸好之魚於盤中即可。

(三)孩子可以做什麼

　　1.攪拌蛋、水、麵粉成糊狀。

　　2.魚沾麵糊再沾麵包粉。

(四)指導方式與安全性

　　1.只要工作得快樂，不必在意衣服沾滿麵粉。

　　2.適合3歲以上小朋友操作。

(五)每份營養素含量

　　1.熱量148大卡

　　2.蛋白質16公克

　　3.脂質6公克

　　4.醣類7.5公克

(六)給父母的話

　　蛋、水、麵粉在幼兒的攪拌下，慢慢變成麵糊，這是多麼神奇的魔術！炸魚時，幼兒看著黏答答的麵糊，經過油炸後變成香酥的麵皮，是多麼奇妙的變化，幼兒因此而認識熱油的功能！

　　嫩綠的生菜襯托著金黃色的炸魚條，是一幅美麗的圖畫，更是幼兒視覺上美感的教育！

十二、蛋花湯

(一)材料（5人份）

蛋	5個	蔥花	5支
小白菜	3兩	麻油	1小匙

(二)做法

　　1.蛋打成蛋液放在碗中備用。

　　2.用5碗水（或高湯）煮至滾時，倒入蛋液（用筷子慢慢攪一下蛋液，以免結成塊）。

　　3.水再滾開時，加入小白菜、蔥花及鹽、味精少許，再滾即可熄火，滴入麻油。

(三)孩子可以做什麼

　　1.打蛋。

　　2.洗菜、切菜（或折菜切段）、切蔥。

　　3.加入菜及蔥。

(四)指導方式與安全性

　　1.打蛋是需要適中的力道才能做得好的工作，讓幼兒多嘗試。

　　2.適合4歲以上之幼兒。

　　3.使用刀具及放入菜、蔥時，應注意勿讓開水濺出。

(五)每份營養素含量

　　1.熱量73大卡

　　2.蛋白質7公克

　　3.脂質5公克

　　蛋白質及蛋中具有豐富的鐵質，在幼兒成長期對於器官的增長相當重要。

(六)給父母的話

　　當幼兒敲破蛋殼的時後，從實驗中認識蛋殼薄而易碎的質地！與透明的蛋白包裹著蛋黃成現在幼兒面前，他從實際經驗認識蛋黃的形狀與蛋液的特性！

　　幼兒將蛋液緩緩倒入滾開的沸水中，觀察蛋液在沸水中迅速凝固成美麗的蛋花，是多麼奇妙的變化與令人興奮、喜悅的經驗。

十三、爆玉米花

(一)材料（5人份）

　　爆玉米　1包　　　　　　　奶油　半條

(二)做法

　　1.奶油到入平底鍋上，加熱。

　　2.倒入玉米，撒些鹽巴。

3.蓋上鍋蓋，使玉米爆開。

(三)孩子可以做什麼

　　1.倒玉米花入鍋。

　　2.蓋緊鍋蓋耐心等候。

　　3.傾聽玉米花跳舞。

(四)指導方式與安全性

　　1.蓋上鍋蓋後，幼兒切切的等待玉米開花時，引導其注意安全，勿
　　　被熱鍋或掀蓋之熱氣所燙傷。

　　2.適合3歲以上幼兒。

(五)每份營養素含量

　　1.熱量79大卡

　　2.蛋白質1公克

　　3.脂質5公克

　　4.醣類7.5公克

　　此食譜所含蛋白質品質差，可配一杯牛奶就可彌補此缺點。

(六)給父母的話

　　幼兒將一顆顆的玉米粒倒入鍋中，蓋上鍋蓋加熱，卻在鍋邊傾聽玉
米受熱爆開的聲音，這有動感節奏的聲音是玉米爆開最好的解釋！當打
開鍋蓋，一顆顆玉米花向幼兒微笑招手，是多麼令人驚喜與期待的事！
幼兒亦從體驗到「熱」的威力與生物奇妙的變化！

十四、炸熱狗

(一)材料（5人份）

熱狗　1包		竹籤　數支
①	麵粉　1杯	番茄醬　少許
	水　1杯	

(二)做法

　　1.先調好①材料之麵糊。

　　2.將熱狗以竹籤插好，裹上一層麵糊，下熱油鍋中炸，炸至金黃色
　　　即可。

　　3.於炸好之熱狗上塗抹些番茄醬，即可食用。

(三)孩子可以做什麼

　　1.調麵糊。

　　2.用竹籤串起熱狗、沾麵糊。

　　3.抹番茄醬。

(四)指導方式與安全性

　　1.請父母先示範，如何將竹籤插入熱狗。

　　2.請叮嚀幼兒熱鍋燙傷以及剛起鍋的熱狗亦燙嘴。

　　3.適合3歲以上幼兒參與操作。

(五)每份營養素含量

　　1.熱量290.5大卡

　　2.蛋白質16公克

　　3.脂質18.5公克

　　4.醣類15公克

(六)給父母的話

　　幼兒將麵粉加水調成麵糊，看著麵粉從粉狀到糊狀的變化過程，幼兒可以體會水及麵粉的奇妙特性！

　　生熱狗沾起黏答答的麵糊的影響，熱油鍋中炸成金黃酥脆的麵皮、熱油對麵糊的影響，實在值得幼兒好好觀察！

　　請幼兒數數看，熱狗有幾個？竹籤有幾支？好奇妙，居然一樣多！幼兒因此了解一對一的對應關係！

十五、炸薯條

(一)材料（5人份）

馬鈴薯　2個　　　　　　　　鹽　1小匙

胡椒粉　1小匙

(二)做法

1.將馬鈴薯洗淨，削皮處理好。

2.接著將馬鈴薯切成小長條狀。

3.煮一鍋熱水，將切好的馬鈴薯稍微煮過，注意不要煮熟，半熟即可撈起瀝乾。

4.再起一鍋熱油，將瀝乾之薯條倒下去炸，炸至金黃色，即可撈起。油瀝乾，盛裝於盤中即可。

5.上撒少許鹽（或胡椒鹽）。

(三)孩子可以做什麼

1.幫忙將馬鈴薯洗淨。

2.將媽媽切成片狀的馬鈴薯切成小長條狀。

(四)指導方式與安全性

1.請父母先示範切馬鈴薯條及安全使用刀子的方法。

2.小心炸油的燙傷。

3.請給幼兒大小合宜的刀子。

4.適合4-5歲的幼兒操作。

(五)每份營養素含量

1.熱量294.5大卡

2.蛋白質8公克

3.脂質2.6公克

4.醣類60公克

此食譜所含的蛋白質較差，可配一杯牛奶即可彌補此缺點。

　　薯條是幼兒熟悉且熱愛的食物，切薯條對成人而言輕而易舉，但對
幼兒來說，卻是一大挑戰。幼兒須以視覺判斷好適當的距離，並配合手
部肌肉的操作，才能切出寬窄適度的馬鈴薯條！對幼兒的手眼協調及手
部動作的靈巧性有極大助益。

　　炸薯條時，幼兒觀察馬鈴薯由白色轉變成金黃色，甚至不小心炸
焦，從中薯條格外香噴可口，比「麥當勞」薯條好吃多了！

　　若幼兒對種植有興趣，可以將芽眼和部分馬鈴薯切下，置於淺水盆
或泥土中，等待並觀察它發芽！

十六、紅燒釀（油）豆腐

㈠材料（5人份）

　　油豆腐泡、三角油豆腐　15個（半斤）

　　絞肉　6兩

① 　　蔥屑　2小匙（1根）
　　香菇屑　2朵
　　鹽　1/2小匙
　　味精　1小匙
　　醬油　1大匙
　　太白粉　1/4小匙
　　糖　1小匙

② 　　醬油　1/4杯
　　水　2小匙
　　糖　1/2小匙

㈡做法

1. 將絞肉與①料拌勻。

2. 油豆腐泡挖洞，於內塗抹少許太白粉液，並將挖出之油豆腐加入
　 絞肉內。

3. 將拌好之絞肉塞入洞口，置於油鍋中煎熟。

4. 接著將②料調好淋上，煮滾後約五分鐘至汁稍收乾即可盛起。

(三)孩子可以做什麼

　　1.清洗油豆腐及香菇蔥。

　　2.切蔥花、香菇小丁。

　　3.攪餡。

　　4.塞肉。

(四)指導方式與安全性

　　1.請父母指導幼兒用刀方法及塞肉技巧。

　　2.提供幼兒安全且大小合宜的刀子。

　　3.適合4歲以上的幼兒最安全。

(五)每份營養素含量

　　1.熱量296大卡

　　2.蛋白質24.5公克

　　3.脂質22公克

　　此道食譜使小孩不會感到有油膩感。

(六)給父母的話

　　清洗油豆腐時，幼兒發現油炸過的食物附有油在表面，透過觸覺經驗，認識了油的特性及觸感。

　　切蔥花、香菇丁、攪餡、塞肉餡等活動皆有助幼兒手部的靈巧及手眼協調的發展，並且從中培養做事細心和專心的態度。當成人越將責任付予幼兒，幼兒則越能養成自動自發及對自我要求完美的態度。

十七、珍珠丸子

(一)材料（5人份）

絞豬肉　半斤	太白粉　1小匙
蔥屑　2大匙	鹽　1小匙
蝦米　1小匙	水　3小匙
荸薺　3個	香菜　少許
糯米　1/2杯	

(二)做法

1.以溫水浸泡糯米約1小時。

2.將蝦米泡軟切碎，荸薺也切碎。

3.將絞肉斬剁片刻，使生黏性，加入蔥屑、蝦米、荸薺，1小匙鹽及一大匙太白粉仔細拌勻。

4.糯米瀝乾拌入太白粉，將肉餡做出約1吋之肉丸，沾滿糯米放進鋪上濕布之蒸籠內，以大火蒸約15分鐘至米粒透明，即可排盤。

(三)孩子可以做什麼

1.洗糯米。

2.洗蔥。

3.洗蝦米、荸薺。

4.將蔥屑、蝦米、荸薺加入，並協助拌勻。

5.學習捏肉餡，並沾上糯米。

(四)指導方式與安全性

1.請父母先示範清洗的方法及捏肉沾糯米等的技巧。

2.適合年齡4-6歲。

(五)每份營養素含量

1.熱量404大卡

2.蛋白質20公克

3.脂質16公克

4.醣類45公克

(六)給父母的話

　　幼兒在幫忙搓洗糯米時，可體會愉悅的觸覺經驗，並可從逐次澄清的水中，辨識出糯米逐漸被洗淨。而洗蔥與蝦米時，也經驗到它們刺激的味道。

　　幼兒在搯肉餡成丸子時，經驗到如何控制手指和手掌的力量，以形成丸子的形狀。

當丸子在蒸籠裡蒸熟時，幼兒藉此認識了蒸氣在烹飪上的功用。幼兒觀察丸子上的糯米從乳白色轉為半透明顏色，幼兒從中學會分辨生、熟糯米之別。

十八、銀芽雞絲

(一)材料（5人份）

雞胸　2個（1斤）　　　　　芝麻醬　3小匙

綠豆芽　半斤　　　　　　　高湯（雞湯）　1/2杯

辣椒　1條　　　　　　　　鹽、味精、香油、糖　各1/4小匙

小黃瓜　2條

(二)做法

　1.雞胸肉洗淨煮熟，用手撕成雞絲。

　2.小黃瓜洗淨刨絲，綠豆芽洗淨煮熟，辣椒切細絲。

　3.雞絲、小黃瓜絲、綠豆芽分別排好、辣椒絲撒在上面備用。

　4.高湯燒開加芝麻醬拌開，調味，淋於排好雞絲的盤上。

(三)孩子可以做什麼

　1.幫忙洗雞胸肉將煮熟後的雞胸肉撕成絲。

　2.洗小黃瓜。

　3.綠豆芽截去頭尾並洗淨。

　4.拌芝麻醬並淋於雞絲盤上。

(四)指導方式與安全性

　1.請父母先行示範一次，並以遊戲方式，愉快地帶領幼兒參與。

　2.輔導幼兒對爐火及熱水提高警覺。

　3.適合年齡3歲以上的幼兒。

(五)每份營養素含量

　1.熱量292大卡

　2.蛋白質28公克

　3.脂質20公克

㈥給父母的話

淡紅色的雞胸肉在熱水中煮熟後，變成白色。摸摸看，質地也有所改變。

幼兒深刻地體驗到生肉和熟肉的顏色、質地完全不同。整塊雞胸肉被撕成雞絲，是奇妙又好玩的工作！

排雞絲、小黃瓜絲、綠豆芽，再淋上芝麻醬，對幼兒來說，是件藝術工作，更培養了幼兒的美感。

十九、炒豇豆

㈠材料（5人份）

豇豆　1斤　　　　　　　　油　1大匙

蝦米　1/3兩　　　　　　　麻油　1/2小匙

鹽、味精　適量

㈡做法

　　1.豇豆洗淨，切段。

　　2.鍋中放油1大匙，加入蝦米及豇豆、鹽、味精。

　　3.炒熟盛起，滴入麻油。

㈢孩子可以做什麼

　　1.拔去豇豆兩端。

　　2.洗淨。

　　3.大點的小孩可以將豇豆切段。

㈣指導方式與安全性

　　1.請父母先示範如何去豇豆的兩端及刀子使用方法。

　　2.適合3歲以上幼兒操作。

㈤每份營養素含量

　　1.熱量73大卡

　　2.蛋白質2公克

3.脂質5公克

4.醣類5公克

(六)給父母的話

　　洗豇豆時，幼兒透過感官經驗，實際認識豇豆的形狀、顏色及觸感！幼兒在拔去豇豆兩端時，增進手指動作的靈巧性，並體驗到豇豆的質地脆而易折，而認識了豆莢類的特性。

　　豇豆在熱鍋中顏色變得更脆綠，對幼兒來說，是奇妙的變化，並從中學會分辨生豇豆和熟豇豆之不同。

二十、火腿蛋炒飯

(一)材料（5人份）

米	2杯	調味料	鹽	1/2小匙
火腿屑	4兩		味精	1/2小匙
蛋	3個		蔥	2小匙
油	2小匙			

(二)做法

　　1.米加水2杯煮成熟飯，蛋去殼打勻。

　　2.鍋中放2小匙油將蛋液置入炒成蛋塊。

　　3.倒入飯、火腿末、蔥末拌炒均勻加調味料即可。

(三)孩子可以做什麼

　　1.洗米及將蛋打勻。

　　2.切火腿末及蔥末。

(四)指導方式與安全性

　　1.請父母指導幼兒清洗及如何切東西的方法。

　　2.父母指導幼兒用刀子的安全及小心爐火。

　　3.適合年齡4歲以上的幼兒。

(五)每份營養素含量

1. 熱量411大卡

2. 蛋白質19公克

3. 脂質10.5公克

4. 醣類60公克

(六)給父母的話

　　幼兒在淘米時，得到愉快的觸覺經驗，會使他更樂於幫忙製作食物。當硬而略帶透明的米在鍋中受熱吸水，變成又白又軟的飯，對幼兒來說，是個極為神奇的變化，更因此而體驗米的奇妙特性。

　　打蛋時，幼兒可觀察蛋液的變化，又蛋液在熱鍋中凝成蛋塊，這又是個神奇的變化，幼兒再次為蛋的特色所著迷！

　　火腿蛋炒飯可稱得上是色、香、味俱全的作品，讓幼兒看、聞、嘗之後，說說他的看法吧！

二十一、釀香菇

(一)材料（5人份）

中型香菇（大小相同）　12朵

豌豆仁　12顆

① ┌ 蔥屑　2小匙
　 │ 鹽　1小匙
　 │ 味精　1小匙
　 │ 醬油　1/2小匙
　 └ 太白粉　1/4小匙

② ┌ 絞肉　6兩
　 │ 醬油　2大匙
　 │ 水　2小匙
　 └ 糖　1/2小匙

(二)做法

1. 將絞肉與①料拌勻。

2. 香菇洗淨泡軟後，塗抹少許太白粉液。

3. 將拌好之絞肉放入香菇上，並將豌豆仁放在絞肉上。

4.把醃好的香菇絞肉放在盤子上，淋上②料放置蒸籠或微波爐煮熟。

(三)孩子可以做什麼

　　1.切蔥屑。

　　2.拌餡。

　　3.塗太白粉液。

　　4.塞肉。

　　5.將豌豆仁放在香菇肉餡上。

(四)指導方式與安全性

　　1.請父母指導幼兒攪肉時，握緊鍋緣，使勁地拌，使肉具有彈性，以練習手腕的力量。

　　2.適合年齡：4歲以上的幼兒。

(五)每份營養素含量

　　1.熱量150大卡

　　2.蛋白質10.5公克

　　3.脂質12公克

　　若小孩喜歡吃肉類，可改變外形，引起食慾。

(六)給父母的話

　　切蔥屑、拌餡、塗太白粉液、塞肉及放置豌豆仁，不但有助幼兒手眼協調之發展，且是件藝術工作。幼兒從中學習做事細心，力求美麗。

　　太白粉凝固時，也將肉黏牢在香菇上。從這樣的經驗，幼兒認識了太白粉在烹調食物上的好處！

　　當幼兒把肉餡塞在傘狀的香菇內側，再擺上豌豆仁，頓時，成了一艘艘的香菇船，給幼兒視覺上美好的經驗。

二十二、金針排骨湯

(一)材料（5人份）

金針　1兩　　　　　香油　1/4小匙

排骨　半斤　　　　　水　5杯

蔥屑　2小匙　　　　鹽　1小匙

味精　1/2小匙

(二)做法

　　1.金針打結，泡軟。

　　2.排骨洗淨，放入大火燒開的水中，加金針熬至排骨軟熟，加鹽、
　　味精、香油，最後撒蔥屑即可。

(三)孩子可以做什麼

　　1.清洗金針。

　　2.將金針打結。

(四)指導方式與安全性

　　1.請父母先示範金針清洗及打結的正確方法。

　　2.適合年齡：4歲以上的幼兒。

(五)每份營養素含量

　　1.熱量200大卡

　　2.蛋白質14公克

　　3.脂質16公克

　　此道食譜十分清淡適合夏季做幼兒的湯類。

(六)給父母的話

　　將金針打個結，幼兒因此有機會學習打結的技巧。但這可不是件容
易的事呢！因為金針的長度有限。幼兒需要多次的練習和成人的鼓勵。
幼兒觀察排骨在沸水中的顏色的改變，學會從顏色的變化判斷肉之生熟
程度。

二十三、貓耳朵湯

(一)材料（5人份）

① 麵粉　1杯　　　　　　　　高湯（或水）　5杯

水　1/4杯　　　　　　　　鹽　1小匙

肉絲　2兩　　　　　　　　麻油　1小匙

小白菜　半斤

(二)做法

1.將1/4杯水和1杯麵粉揉成麵糰後，靜置10分鐘左右。

2.將麵糰捏一小塊（約1公分立方）搓成長圓柱體，放在掌上，用右手拇指滑壓成捲狀（即貓耳朵狀）。

3.待水滾，放入成型的貓耳朵，肉絲、鹽，最後再加小白菜，熄火，滴麻油即可。

(三)孩子可以做什麼

1.將1/4杯水倒入麵粉中。

2.將麵糰捏一小塊搓成長圓柱體，放在掌上，用右手拇指滑壓成捲狀（貓耳朵狀）。

3.請幼兒將小白菜洗淨。

(四)指導方式與安全性

1.請父母先示範量杯的使用方法及捏搓滑壓麵糰的方法。

2.有些動作稍微請父母多給予鼓勵及練習的機會。

3.適合4歲以上的幼兒參與製作。

(五)每份營養素含量

1.熱量131.5大卡

2.蛋白質7公克

3.脂質3.5公克

4.醣類18公克

　　從測量1/4杯的水及一杯的麵粉的操作中，幼兒深刻地體驗出1/4與1的關係，而有了初步的分數概念！

　　當幼兒將麵糰搓成長條時，可體驗麵粉糰由粗變細，由短變長的過程，有助幼兒量的保留概念之發展。此外，將長圓柱體之小麵條在手掌中滑壓成貓耳朵狀，是個有趣且不容易的動作，幼兒從搓、捏、滑壓中，深深體會麵糰的可塑性。

二十四、餛飩

㈠材料（5人份）

餛飩皮　半斤

絞肉　4兩

小白菜　2棵

① 蔥末　1大匙
　鹽　　1/4小匙
　味精　1小匙
　香油　1小匙
　胡椒　1/2小匙

湯料
鹽　1小匙
味精1小匙
香油11/2小匙

㈡做法

　1.將絞肉加①料拌勻，並包入皮中備用。

　2.煮一鍋水，滾後下餛飩。

　3.待餛飩熟後，放入處理好切段之小白菜，待滾後熄火，調好湯料後即可。

㈢孩子可以做什麼

　1.絞肉加調味料並攪拌之。

　2.洗菜，挑去老葉。

　3.包餛飩。

(四)指導方式與安全性

　　1.父母指導幼兒挑菜、洗菜的方法並注意水量的大小，以免濺濕幼
　　　兒衣服。

　　2.攪拌菜肉時，注意幼兒是否將容器握牢。

　　3.適合年齡：3歲以上。

(五)每份營養素含量

　　1.熱量258.5大卡

　　2.蛋白質11公克

　　3.脂質10.5公克

　　4.醣類30公克

　　對於不吃肉及蔬菜的小朋友，可提高食慾。

(六)給父母的話

　　挑洗蔬菜時，幼兒學習正確處理蔬菜及如何保護自己不被水濺濕的
方法，更從操作中體驗小白菜的形狀、顏色及觸感。

　　幼兒在學習包餛飩的過程中，小心翼翼地進行，加強了小肌肉操作
及手眼協調的能力。

　　餛飩熟了，才放入小白菜，俟水滾開即熄火，幼兒隨時觀察小白
菜的形狀、顏色及質感在滾水中迅速的變化，且認識小白菜是易熟的蔬
菜。

二十五、蔥油餅

(一)材料（5人份）

麵粉　2杯	蔥末　2小匙
沸水　1/2杯	豬油　2小匙
鹽　1/2小匙	

(二)做法

　　1.麵粉盛入盆中，徐徐加入開水，用筷子攪拌後麵粉燙得均勻，並
　　　加入少許冷水，揉成軟硬適中之麵糰後，靜置15分鐘。

2.將麵糰分為六塊，每塊用手壓扁，用擀麵棍擀成圓片，塗上豬油、鹽、蔥末捲成圓筒狀，再將兩端捏緊，盤成螺旋狀，再用手稍壓扁，以擀麵棍擀成圓片。

3.平底鍋以2-3匙之油先燒熱，將圓餅放入鍋中，用慢（小）火烙成兩面金黃色即可。

(三)孩子可以做什麼

1.用筷子攪拌加開水後的麵粉，俟均勻後再加入少許冷水攪拌。

2.將麵糰分為六塊，每塊用手壓扁。

3.塗抹蔥末，豬油、鹽，捲成圓筒狀二端捏緊，再用手壓扁。

4.以擀麵棍，擀成圓片。

(四)指導方式與安全性

1.適合年齡4-6歲。

2.麵粉加開水由成人操作及煎餅時避免讓幼兒離鍋太近。

(五)每份營養素含量

1.熱量142大卡

2.蛋白質4公克

3.脂質2公克

4.醣類27公克

(六)給父母的話

幼兒由整個製造過程中，親身體驗麵粉的特性，同時，也獲得捲、捏、壓、擀等手部肌肉的練習。

幼兒將麵糰均分為六份時，從實際操作中，認識「六」的數量，也學習以視覺測量等量的麵糰。

幼兒將圓筒狀的麵糰壓扁再擀圓的過程，有助其保留概念的發展，也實際地體驗了麵粉之可塑性。

二十六、泡菜

(一)材料（5人份）

①　白蘿蔔　1/2條
　　小黃瓜　2條
　　胡蘿蔔　1/2條

②　薑　10片
　　紅辣椒　1條

③　鹽　1/2小匙
　　糖　3小匙
　　醋　3小匙

(二)做法

1.將①料洗淨切片與薑片、紅辣椒加鹽醃數小時。

2.以冷開水沖洗，瀝乾水份，加入③料醃數小時。

※可將①料切片後，同時將②、③料醃數小時，較節省時間。

※可切丁、切絲、切滾刀塊、切菱形等，依所切大小來決定醃泡時間長短。

(三)孩子可以做什麼

1.將所需蔬菜洗淨。

2.白、胡蘿蔔、小黃瓜切丁、切絲、切塊，依幼兒意思自行切形狀。

3.將調味料倒入攪拌。

4.瀝乾水分。

(四)指導方式與安全性

1.請父母指導幼兒切形方法，並鼓勵其發揮創意。

2.請父母準備小砧板及安全的水果刀讓幼兒自行發揮。

3.提醒用刀安全。

4.適合年齡：4-6歲。

(五)每份營養素含量

1.熱量18大卡

2.蛋白質1公克

        3.醣類3.5公克

        4.維生素A、C

（六）給父母的話

　　清洗蔬菜時，成人輔導幼兒觀賞水從菜葉滑過，襯出菜色的晶瑩剔透，是美好的視覺經驗。

　　當幼兒隨著自己的喜好，將蔬菜切成各種形狀，幼兒的創意與對自己的信心得以發展。並且學習靈活使用刀子，將蔬菜切成想要的形狀。

　　製作泡菜之前，先讓幼兒用嗅覺、味覺認識醋，做好泡菜後，請幼兒嘗嘗看，讓他發表泡菜和一般菜不同之處，並輔導其說出原因！幼兒因此而認識且欣賞泡菜！

二十七、蛋餅

（一）材料（5人份）

麵粉　1杯　　　　　　　滾水　1/4杯

蔥末　3小匙　　　　　　蛋　5個

鹽　1/4小匙

（二）做法

　　1.麵粉加滾水及少許鹽揉成麵糰。

　　2.麵糰分為8-10份，擀成薄片，煎成薄餅。

　　3.將蛋液倒入平底鍋中趁蛋未凝固前，蓋上薄餅，煎至兩面金黃。

　　4.切成數片裝盤即可食用。

（三）孩子可以做什麼

　　1.揉小麵糰。

　　2.均分成小麵糰。

　　3.擀麵。

　　4.打蛋。

　　5.切蛋餅。

㈣指導方式與安全性

　　1.請父母先示範揉麵及擀麵的方法。

　　2.年齡較長的兒童可以嘗試擀麵及切蛋餅的工作。

　　3.適合3歲以上的幼兒。

㈤每份營養素含量

　　1.熱量236大卡

　　2.蛋白質12公克

　　3.脂質5公克

　　4.醣類36公克

　　蛋所含的蛋白質品質非常好，可彌補麵粉中較差的蛋白質。

㈥給父母的話

　　麵粉加上滾水，經幼兒攪拌、搓揉成為麵糰，幼兒從中體驗一堆散粉如何變成互相黏合的麵糰，是令幼兒興奮且喜悅的發現！

　　擀麵可以幫助幼兒發展手掌的握力及手腕力量的運用，更能認識麵糰厚薄和大小間相互的關係！

　　將煎好的薄餅鋪在鍋中半凝固的蛋液上，過一會兒再翻面時，兩者已經黏和在一起，這是多麼神奇的變化！原來，蛋液可以有像漿糊般的功用，幼兒又多認識了一種蛋液的特性。

二十八、壽司

㈠材料（5人份）

拌米之調味料
糖　2大匙
白醋　2大匙
鹽　1/4小匙
米　200公克
油豆腐皮　10個
黑芝麻　少許

黃豆腐皮調味料
水　1/2杯
醬油　2大匙
糖　2大匙
柴魚片　一大匙

㈡做法

　　1.將油豆腐皮放於鍋中，加入煮豆腐皮之料煮10分鐘。

　　2.米煮成飯，趁熱調入糖、醋及鹽拌勻。

　　3.再將調好之飯，充填入煮好之豆皮中，上撒芝麻即可。

㈢孩子可以做什麼

　　1.請幼兒拌勻加入糖和醋的飯。

　　2.請幼兒並填飯入豆皮中，撒上些許芝麻。

㈣指導方式與安全性

　　1.請父母先示範加入糖及醋的方法並示範如何填充米飯入油豆皮
　　　中。

　　2.適合3歲以上幼兒。

㈤每份營養素含量

　　1.熱量182.5大卡

　　2.蛋白質7.5公克

　　3.脂質2.5公克

　　4.醣類32.5公克

　　此道菜所含醣類多，但蛋白質品質較差，因此可再配一道湯如肉片湯或蛋花湯以彌補此缺點。

㈥給父母的話

　　幼兒攪拌加了糖和醋的飯時，必須學著不把飯粒弄出來，需要思考、判斷及手眼協調能力互相配合方能完成，可不容易喲！

　　攪拌米飯是幼兒喜愛的一份工作，在看著糖和醋徐徐地加入，並逐漸融入米飯中，進而逐漸消失，此過程更令幼兒感到新奇與有趣。

　　將飯填充入豆皮中，也是幼兒深愛的工作。將每個剪開的豆皮塞得飽滿，會給幼兒帶來工作後深刻的成就感。剪開的豆腐皮，塞滿白米飯，再灑上幾顆黑芝麻，像極了白雪公主故事裡的小矮人。幼兒想像力及美感經驗從中得以發展。

二十九、小番茄蜜餞

(一)材料（5人份）

　　小番茄　25個　　　　　　　　　　　蜜餞　12粒

　　綠色盤飾　少許

(二)做法

　　1.小番茄洗淨，去蒂，將頭端切一刀（不切開）。

　　2.蜜餞去籽，切為25塊。

　　3.將蜜餞塞入小番茄內，露出一小截即可。

(三)孩子可以做什麼

　　1.洗番茄，去蒂。

　　2.去蜜餞籽。

　　3.塞蜜餞入小番茄內。

　　4.排盤擺飾。

(四)指導方式與安全性

　　1.請父母先示範切番茄及塞入蜜餞的方法。

　　2.年齡較長的兒童，可指導安全使用刀具。

　　3.兩歲以上之幼兒即可操作。

(五)每份營養素含量

　　1.熱量40大卡

　　2.醣類10公克

(六)給父母的話

　　洗番茄雖是小小不起眼的工作，幼兒卻樂在其中，並且由觸覺和視覺認識了番茄的顏色、形狀及質感！

　　番茄被切開一條細縫，經由幼兒用力將蜜餞塞入，而變成含著蜜餞之大嘴巴，是多麼有趣的經驗！

　　最後的排盤擺飾可是件藝術工作呢！在這過程中幼兒學會了審美！

三十、烤肉串

(一)材料（5人份）

洋蔥　1個	嫩薑　1塊（小）
胡蘿蔔　半條	蒜頭　10粒
洋菇　半斤	芹菜　1根
竹籤　6支	特製醃料　月桂葉　1葉
青椒　2個	紅辣椒　1條
腓力牛肉　半斤	檸檬　半個
奶油　適量	酒　2大匙
黑胡椒鹽　適量	淡色醬油　1/2杯
	糖　2大匙

(二)做法

1. 牛肉切成1吋正方形、青椒、胡蘿蔔、洋蔥亦切成與牛肉大小相近之塊狀。
2. 以竹籤接洋菇、洋蔥、胡蘿蔔、青椒、牛肉之順序重複串好，泡入特製醃料中約15分鐘備用。
3. 將醃好的肉串抹上適量的奶油後放在烤盤上，再放入烤箱中至焦黃為止。

(三)孩子可以做什麼

1. 幼兒可幫忙剝洋蔥、洗洋蔥及青椒，幼兒亦可協助切塊。
2. 幼兒可幫忙串上肉、洋菇、洋蔥及青椒、胡蘿蔔。
3. 幼兒可幫忙抹上奶油。

(四)指導方式與安全性

1. 請父母指導幼兒沖洗，使用刀子及串肉串的技巧。
2. 指導並注意幼兒使用刀子。
3. 適合年齡：4-6歲。

(五)每份營養素含量

　　1.熱量235大卡

　　2.蛋白質15公克

　　3.脂質18.5公克

　　4.醣類2.5公克

　　此道菜含多種營養素，對於不吃蔬菜的小朋友有引起食慾之效用。

(六)給父母的話

　　幼兒在幫忙洗洋蔥、蒜、薑、芹菜、洋菇時，藉著觸覺、視覺、嗅覺而深刻地認識它們的形狀、顏色和質地！

　　而串上肉、洋菇、洋蔥、青椒、胡蘿蔔時，幼兒從實際經驗中認識它們之間質地之不同！最後讓幼兒欣賞串好的肉串，它們的形狀、顏色及排列更是視覺上美感的培養！

三十一、涼拌海蜇皮

(一)材料（5人份）

　①｛　醋　　2大匙

　　　醬油　　2大匙

　　　砂糖　　2大匙

　　　麻油、胡椒、味精　各少許

　鹽漬海蜇皮（切絲）　　200公克　　　　　黃瓜　1條

(二)做法

　　1.海蜇皮切絲泡軟洗淨後，淋上50-60°的熱水，待其收縮再泡水，拿出瀝乾。

　　2.料準備好，拌進處理過的海蜇皮約20分鐘，使味道浸透。

　　3.黃瓜斜切絲，平鋪盤中，上放海蜇皮；待食時拌開即可。

(三)孩子可以做什麼

　　1.浸泡海蜇皮。

　　2.清洗海蜇皮及小黃瓜。

3.黃瓜刨絲。

4.拌開黃瓜絲與海蜇皮絲。

㈣指導方式與安全性

1.請父母指導幼兒清洗海蜇皮及小黃瓜的方法。

2.請父母示範並協助幼兒刨黃瓜絲。

3.注意刨刀的安全使用。

4.海蜇皮切絲須利刀，應避免由幼兒操作。

5.適合4歲以上幼兒。

㈤每份營養素含量

1.熱量50大卡

2.蛋白質2公克

3.脂質2公克

4.醣類6公克

此道菜所含營養素較少，應再由含較多蛋白質的食物加以配合如雞絲為佳。

㈥給父母的話

幼兒清洗海蜇皮和小黃瓜時，藉著實際的視覺、觸覺的經驗，認識了它們的顏色、形狀和質地！

對幼兒來說，海蜇皮是樣特殊的食物，半透明的顏色與其滑潤卻具韌性的質地，都帶給幼兒特殊的感覺經驗。

將黃瓜刨成絲，幼兒看到完整的小黃瓜被刨成數不清的黃瓜絲，透過此有趣的經驗，幼兒親身體驗刨絲的妙用！

涼拌海蜇皮不必經過烹煮過程，可以讓幼兒認識另一種做菜方法。攪拌海蜇皮、小黃瓜及調味料當中，幼兒透過其顏色、形狀，加強了美感的培養！

三十二、四色燒賣

(一)材料（5人份）

麵粉　2杯（或以水餃皮代之）

絞肉　半斤

鮮蝦　6兩（或蝦仁3兩）

筍　半支

四色
香菇　2朵
洋火腿　1片
豌豆仁　1小匙
蛋黃　1個

調味料
醬油　1/2小匙
鹽　1/2小匙
太白粉　2小匙
麻油　1小匙
胡椒粉　1小匙

(二)做法

1. 麵粉置盆中，沖入1/2杯開水，用筷子拌勻，再加入適量冷開水，用手揉搓麵糰，並充分揉至光滑，蓋上濕布，醒15分鐘後搓成長條，分為30個小麵臍。

2. 蝦仁切碎屑，筍煮熟切碎。再與絞肉與調味料拌勻，用筷子同方向攪至黏性。

3. 香菇泡軟去蒂切碎、洋火腿切碎、豌豆殺菁後、切碎。硬煮蛋取出蛋黃切碎，四色分置四碗中待用。

4. 麵臍擀成圓皮，中央放入1小匙餡，皮自四周捏起，在中央捏緊，呈四孔洞再放入四色材料，以大火蒸15分鐘即可。

(三)孩子可以做什麼

1. 洗香菇、泡香菇。

2. 挑蝦仁腸泥。

3. 切洋火腿丁、筍丁等。

4. 剝蛋殼。

5. 擺四色。

(四)指導方式與安全性

　　1.請父母先示範挑蝦仁腸泥、剝蛋殼的方法。

　　2.小心熱水及蒸氣之燙傷。

　　3.不要因為怕弄濕衣服和弄髒廚房，而拒孩子於廚房外。

　　4.適合3歲以上幼兒操作。

(五)每份營養素含量

　　1.熱量445大卡

　　2.蛋白質28公克

　　3.脂質17公克

　　4.醣類45公克

　　尤以蛋白質品質好，此食譜含多種營養素，可為完整的一餐。

(六)給父母的話

　　麵粉加入開水，搓揉成麵糰，幼兒在實際的操作中，得以經驗一堆散粉加水後在自己手中搓揉成互相黏接的麵粉糰，這是多麼令人興奮的發現！

　　幼兒在觀察麵臍被擀成麵皮時，看到麵臍越來越扁，但面積卻越來越大，量的保留概念可從中發展！

　　幼兒在擺四色時，實際體驗燒賣的數量，增進幼兒數的概念。燒賣上四種花色的相配，更提供幼兒視覺的美感經驗，可增進幼兒的審美能力！

三十三、糯米湯圓

(一)材料（5人份）

糯米粉　半斤	紅粉　1/8小匙
水　6杯	糖　1/2杯

(二)做法

　　1.糯米粉加冷水，和成糰狀，取一半加1/8小匙紅粉。

　　2.將紅、白粉糰，各揉搓成長條狀，切成小段，再揉成小圓子。

3.鍋中煮水6杯，水滾加入湯圓，煮至圓子浮起，加糖即可。

(三)孩子可以做什麼

　　請幼兒揉搓粉糰成長條狀，切成小段後，再揉成小圓子。

(四)指導方式與安全性

　　1.請父母給予幼兒充裕的揉搓時間。

　　2.適合2歲以上幼兒。

(五)每份營養素含量

　　1.熱量244大卡

　　2.蛋白質6公克

　　3.醣類55公克

　　此道食品含豐富的醣類，其營養素十分少，所以不能當幼兒的正餐，只能做點心。

(六)給父母的話

　　幼兒將元宵粉和成麵糰的過程中親身體驗元宵粉的特性！麵粉糰在幼兒手中被搓成條狀、切成小段，再搓成圓形，幼兒尤其在大小、形狀的變化過程中培養量的保留概念！

　　幼兒觀看湯圓在沸水中變半透明且脹大，從中體驗事物奇妙的變化！

三十四、法國吐司

(一)材料（5人份）

① 吐司麵包　8片
　果醬　4大匙
　牛奶　3/4杯

② 蛋　1個
　香草片　1片
　糖　1/4小匙

(二)做法

　　1.二片麵包中間塗勻果醬（1小匙），切成兩個三角形，亦可切成8個小三角形。

　　2.將②料攪拌均勻。

3.牛奶盛盤。

4.麵包先沾牛奶,再沾上②料。以中火,將煎成金黃色即可。

(三)孩子可以做什麼

1.塗果醬於麵包上。

2.切麵包。

3.將蛋、香草片、糖攪拌在一起。

4.將麵包切好的部分沾牛奶及②料。

(四)指導方式與安全性

1.媽媽在切麵包示範時,可邊教以正方形對角切可成三角形,讓幼
兒親自操作,印象更深刻。

2.用刀要小心。

3.油炸時小心燙傷。

4.適合4歲以上幼兒操作。

(五)每份營養素含量

1.熱量211大卡

2.蛋白質8公克

3.脂質11公克

4.醣類20公克

此食譜所含營養素十分豐富,對於食慾不振的孩子只吃少量及可攝
取到豐富的營養。

(六)給父母的話

幼兒將果醬均勻地在吐司上,是件融合技巧和藝術的學習。

切吐司時,幼兒從中體驗:方形的吐司可以切成兩個三角形,三角
形又可再分別切成二或二個以上更小的三角形。由操作中,幼兒學會了
簡單形狀變化的概念!

當鬆軟的白吐司沾上牛奶和蛋液後,在鍋中煎成脆酥金黃的法國吐
司,幼兒體驗熱油的效力!

三十五、餅乾屋

(一)材料（5人份）

　乾糧　2包　各種

　　1.餅乾：正方形　6包　　　有顏色

　　　　　　圓條形　1包　　　巧克力（或健素糖）　1包

　　　　　　圓形　　1包　　　軟糖　1包

　　2.麥芽糖　2罐

　　3.砂糖　1包

(二)做法

　　1.將麥芽糖加砂糖放入電碗煮熟即可。

　　2.將紙盒裁製小屋。再以紙板為地盤，將小屋建在地上。

　　3.將熱的麥芽糖塗在屋上（牆、屋頂部分）。

　　4.貼上餅乾，即完成。

　　5.可放置冰箱一下，冷卻。

(三)孩子可以做什麼

　　1.黏餅乾（貼磚塊）。

　　2.擺車型巧克力於糖果屋前。

　　3.軟糖黏於房子四周。

(四)指導方式與安全性

　　1.餅乾屋亦可於小朋友生日時，全家動力做一起同樂，趣味無窮。

　　2.糖熱時方可黏餅乾。

　　3.小心電碗及熱糖漿燙傷。

　　4.適合4歲以上幼兒進修。

(五)每份營養素含量

　　1.熱量333大卡

　　2.蛋白質2公克

　　3.脂質5公克

4.醣類70公克

　　此道食譜給予熱量大多由醣類而來，所含蛋白質及脂肪較少，尤以礦物質、維生素幾乎沒有，因此應再給予蔬菜、水果補充。

(六)給父母的話

　　幼兒將餅乾黏在麥芽糖上面，因此而體驗麥芽糖神奇的黏性。

　　親子共同搭建餅乾屋是極為有趣的經驗，本來滋味普通的零食，經過這樣的組合，特別好吃，而且賞心悅目。幼兒也因此而認識了新的美勞素材！並可發揮想像力與創造力「搭建」各式各樣的餅乾屋。

三十六、三色蛋

(一)材料（5人份）

雞蛋　3個　　　　　　　生鹹鴨蛋　3個

皮蛋　2個　　　　　　　鹽　1/4小匙

酒　1小匙

(二)做法

　　1.雞蛋加鹽、酒打勻。

　　2.鴨蛋黃及皮蛋切塊加入雞蛋液中攪勻。

　　3.容器鋪上一層錫箔紙，將混合蛋液倒入。用中火蒸約15分鐘。

　　4.蒸好，待涼，倒出後用刀切塊即可。

(三)孩子可以做什麼

　　1.打蛋，拌蛋。

　　2.切皮蛋及鹹鴨蛋黃。

　　3.鋪錫箔紙。

　　4.切三色蛋。

(四)指導方式與安全性

　　1.蛋有許多烹調方式，可以改變其內容，讓幼兒體驗各種不同的變
　　　化。

2.從蒸鍋中取出時宜注意勿燙傷。

㈤每份營養素含量

　　1.熱量117大卡

　　2.蛋白質11公克

　　3.脂質8公克

蛋白質為小孩成長十分需要。

㈥給父母的話

　　當幼兒在敲破生雞蛋、打蛋液、切皮蛋及鹹蛋黃的過程中，透過視覺、觸覺、味覺的實際經驗，認識蛋的各種形態！

　　液態的生雞蛋白、鹹蛋白混合著固體的皮蛋與鹹蛋黃放入鍋中蒸後，凝結成整塊的固體蛋，幼兒因此而認識了生蛋白受熱的變化！當幼兒觀察裝著液體蛋的容器並未與水直接接觸，蒸氣卻能將其熱傳達到容器內，因此而體認到蒸氣的奇妙功能！

　　凝固後的三色蛋，顯出奇妙而美的圖案，對幼兒來說是件新奇的藝術傑作！

三十七、菊花捲

㈠材料（5人份）

小管	3條		鹽	1/2小匙	雞湯（高湯）	1杯
青豆仁	12粒（2兩）	拌蝦料	酒	1小匙	鹽	1/4小匙
蝦仁	半斤		太白粉	1小匙	太白粉	2小匙
			蛋白	1/2個	青江菜	半斤

㈡做法

　　1.蝦仁洗淨瀝乾，剁碎加入拌蝦料拌勻，青豆仁殺菁備用。

　　2.小管洗淨，尾端切去約1.5公分，剩下部分切成四段（三隻共12段）每段用剪刀繞圓周剪至長度之一半。

　　3.在水滾時，將剪好之小管放入燙3秒（呈菊花狀），撈起瀝乾。在內側塗上太白粉，填入蝦餡，然後在花之中央放一顆青豆仁，放在盤中，置於蒸籠以大火蒸8分鐘即可。

4.青江菜煮熟，圍在盤四周，中央放熟的菊花捲。高湯加熱加少許鹽，以太白粉水（勾芡）淋在其上。

㈢孩子可以做什麼

1.挑蝦仁腸泥。

2.洗豆仁。

3.剪小管（段）之細花邊。

4.塗太白粉在小管（段）內側。

5.擺青豆仁。

㈣指導方式與安全性

1.請媽媽先示範剪小管（段）花邊，挑蝦仁腸泥。

2.記得工作前，小手請先洗乾淨。

3.小心，熱水燙傷。

4.適合3歲以上幼兒操作。

5.拿剪刀剪花邊，須更大些的孩子來做。

㈤每份營養素含量

1.熱量112大卡

2.蛋白質28公克

此食譜所含營養等中蛋白質品質好，適合成長之幼兒。

㈥給父母的話

洗豆仁看起來似乎很容易，但是幼兒想握豆仁在手中不被水沖下，卻是一項富有挑戰性的工作。幼兒有此發展其小肌肉的操作與手眼協調的能力。

觀察剪了細花邊之小管在滾開的水中，捲成菊花狀，幼兒不但從中認識了小管的特性，更增進了視覺上美感的經驗！

幼兒數數看，青豆仁有幾顆？菊花捲有幾個？好奇妙！兩者竟然一樣多。幼兒因此而了解一對一的對應關係。

三十八、香蕉船

(一)材料（5人份）

香蕉　1根

冰淇淋　1盒（香草、草莓、巧克力三種口味各一種）

櫻桃　3粒

哈斯餅　2片

(二)做法

1.將香蕉剝皮後剖半放入長形小杯（盤）中。

2.以挖球器挖出三個冰淇淋球擺入當中。

3.以櫻桃、三角形哈斯餅裝飾即可。

(三)孩子可以做什麼

4歲以上幼兒可獨立完成。

(四)指導方式與安全性

1.適合4歲以上幼兒操作。

2.4歲以上的幼兒可在父母的切實輔導下獨立完成。

(五)每份營養素含量

1.熱量119大卡

2.蛋白質5公克

3.脂質5公克

4.醣類13.5公克

此道食譜適合不喜歡喝牛奶的小孩，因冰淇淋實際由牛奶所做成，含很豐富之蛋白質、鈣質及維生素B_2，適合成長中小孩的需要。

(六)給父母的話

剝香蕉皮、剖香蕉、挖冰淇淋等操作過程，有助幼兒手部動作的靈巧及協調能力的發展！

香蕉船是簡單又易完成的食品，幼兒可以獨立完成這美觀的食品，不但可以產生對自己的信心，更是視覺美感的培養！與父母一同分享香甜可口的香蕉船，情意濃濃！

三十九、愛玉凍

(一)材料（5人份）

愛玉子　2兩　　　　　冷開水　6杯

檸檬　1粒　　　　　　糖　1.5杯

紗布　2片

(二)做法

　　1.愛玉子以紗布袋包好，放入水中，用手不停搓洗至愛玉子膠滲出凝固。

　　2.將凝好的愛玉子切塊，加開水、糖、擠1大匙檸檬汁即可食。

(三)孩子可以做什麼

　　1.搓洗愛玉子。

　　2.切塊、擠檸檬（凡5歲以上幼兒均可獨立完成）。

(四)指導方式與安全性

　　1.請父母先示範搓愛玉子的正確方法。

　　2.以塑膠刀切塊較安全。

　　3.適合4歲以上幼兒操作。

(五)每份營養素含量

　　1.熱量120大卡

　　2.醣類30公克

　　此道菜僅供給醣類，因此可加少許水果給予維生素之補充。

(六)給父母的話

　　搓愛玉是個令幼兒愉悅的觸覺經驗，當觀察愛玉從液體凝結成有彈性的愛玉凍，幼兒不但在視覺上有了魔術般的特殊經驗，更因此而認識愛玉凍形成的過程！

　　擠檸檬是個有趣的動作，從中也發展了手指頭抓握技巧及手掌的運用！

四十、火腿蘆筍捲

(一)材料（5人份）

火腿片　12片

蘆筍　6支

沙拉醬　1小包

錫箔紙（剪成比火腿片大些，捲成糖果狀）

牙籤

(二)做法

1.蘆筍洗淨燙熟切與火腿片同大小之長段。

2.火腿片抹上沙拉醬，蘆筍4段放火腿片上捲起，用錫箔紙捲成糖果狀。

(三)孩子可以做什麼

1.洗蘆筍，以水果刀切段。

2.擠沙拉醬並塗抹在火腿片上。

3.捲錫箔紙做成糖果狀。

(四)指導方式與安全性

1.請父母先示範切蘆筍塗沙拉醬及捲火腿的方法。

2.請提供安全合宜的小刀。

3.4、5歲以上幼兒均可安全操作。

(五)每份營養素含量

1.熱量81.5大卡

2.蛋白質3.5公克

3.脂質7.5公克

4.醣類1公克

此道食譜提供了品質相當好的蛋白質、脂肪及纖維素；外形又十分小巧，小孩應十分喜好。

㈥給父母的話

清洗蘆筍時，幼兒藉著實際的視覺、觸覺經驗認識蘆筍的形狀、顏色和質地！

擠、塗沙拉醬與捲錫箔紙是件融合技巧和藝術的工作，幼兒可從操作中發展協調及審美的能力。

四十一、蒸蛋

㈠材料（5人份）

蛋　5個

魚板　1條（只須切五小片用，其餘可留為它用）

蝦　5隻

柴魚片　1小包

㈡做法

1.一個碗中打入一粒蛋，加入1/4杯水、1/2杯柴魚湯、1/4小匙鹽（同法將另4粒蛋處理好）。

2.魚板切薄片（五片）。

3.用中火蒸，待蛋液的表皮凝固時，放入蝦及魚板片，繼續蒸至完全凝固即可。

註：柴魚片用2.5杯水先熬湯，放涼再使用。

㈢孩子可以做什麼

1.打蛋。

2.拌蛋。

3.加水、柴魚湯。

4.切魚板。

㈣指導方式與安全性

1.請父母先示範打蛋及提示加入水的分量。

2.給予合適、安全的小刀。

3.以火蒸時，要小心避免燙傷。

4.4歲以上幼兒皆宜參與。

(五)每份營養素含量

　　1.熱量107.5大卡

　　2.蛋白質10公克

　　3.脂質7.5公克

此道食譜提供了小孩成長所需的蛋白質，若蒸蛋水分加得適宜，質地十分細微柔軟，小孩應十分喜歡。

(六)給父母的話

　　打蛋，加水與切魚板雖是簡單的動作，卻可以增進幼兒手部動作的靈巧與手眼協調之能力，並且從中獲得莫大的樂趣。

　　幼兒觀察蛋液加入水後的混合液，經過蒸的過程，而凝成固體狀，幼兒因此而認識了蛋的特性，以及物體變化的奇妙之處！

四十二、綜合小西餅

(一)材料（5人份）

低筋麵粉　500公克	香草水　1小匙
醱粉　5公克	白油　250公克
蛋　2個	奶油　100公克
細砂糖　200公克	奶粉　75公克

(二)做法

　　1.奶油加入細砂糖，以打蛋器拌打10分鐘，拌發白油。

　　2.麵粉與醱粉篩勻後放在工作檯上，將打發之奶油等加入，用手拌勻。

　　3.以上拌勻之麵糰，分成四等份，做成下列產品：

　　　把麵糰放在乾麵粉袋上，用捍麵棍壓成0.3公分薄麵皮，再用各種小西餅模型壓出各種方式，放在平烤盤上，表面刷蛋黃，進爐175℃，上火烤8-10分鐘。

4.亦可由小朋友自行捏創。

㈢孩子可以做什麼

　　1.量、篩麵粉。

　　2.拌麵粉、揉麵。

　　3.擀麵。

　　4.壓模型，捏創形狀。

㈣指導方式與安全性

　　1.請父母先示範量、篩，拌麵粉及揉麵糰的方法。

　　2.請示範並協助幼兒摔麵皮。

　　3.提醒幼兒勿靠近、觸及烤箱，或剛出爐之烤盤。

　　4.適合4歲以上幼兒操作。

㈤每份營養素含量

　　1.熱量205大卡

　　2.蛋白質2.2公克

　　3.脂質15公克

　　4.醣類15公克

　　此食譜提供豐富的脂肪、醣類，小孩十分喜好，因製作時可由其觸感及自行創作引發其食慾，本食譜適合約10個幼童所需。

㈥給父母的話

　　經幼兒搓揉成為麵粉糰，如此實際地操作過程，幼兒認識麵粉加奶油奇妙變化，並由觸覺經驗認識麵粉的可塑性！

　　將麵粉糰捏塑成各種形狀，幼兒有了創作的機會，也從中表達出幼兒平日之所思所想！

四十三、甜甜圈

㈠材料（5人份）

高筋麵粉	300公克	奶粉	30公克
低筋麵粉	200公克	蛋	1個

新鮮酵母　30公克　　　　　細砂糖　　70公克

白油　90公克　　　　　　　香草水　5公克

　　　　　　　　　　　　　鹽　7公克

　　　　　　　　　　　　　水　　300公克

(二)做法

   1.所有材料拌勻，揉成麵糰。

   2.擀平，以甜甜圈模型壓出。

   3.整形後最後約醱酵30分鐘入鍋油炸。

   4.油溫185°C，每邊各炸約一分鐘即可。

(三)孩子可以做什麼

   1.篩麵粉，攪拌工作。

   2.打蛋。

   3.利用各式模型印蓋麵糰，或以手捏創形狀。

(四)指導方式與安全性

   1.請父母先示範量、篩麵粉及以模型印蓋麵糰的方法。

   2.避免幼兒觸及或靠近油鍋。

   3.4歲以上幼兒可參與。

(五)每份營養素含量

   1.熱量123大卡

   2.蛋白質5公克

   3.脂質7公克

   4.醣類10公克

  本食譜適合10位幼童所需提供豐富之蛋白質、脂肪、醣類可配合1小份水果給予礦物質、纖維素、維生素之需要。

(六)給父母的話

  打蛋、篩麵粉、印蓋模型及捏塑麵糰，可以發展幼兒手部動作及手眼協調之能力，並且從操作中獲得深深的成就感！

  將麵糰捏創成各種形狀，幼兒可充分發揮其豐富的想像力及創造力，更從實際的操作中體驗麵糰的可塑性。

營養補給站

　　幼兒期的營養需求依行政院衛生署的標準1-3歲幼兒每日需要1200大卡,蛋白質每日需20公克,4-6歲幼兒男生1450-1650大卡,女生每日需1300-1450大卡,蛋白質每日需30公克,在熱量的分配,蛋白質占熱量的10-15%,脂肪占25-30%,醣類占55-65%。三餐及點心的分配為早餐占20-30%,午餐占30-35%,晚餐20-25%,兩次點心(早點與午點)占15%,在三餐之外加二次點心,點心以早點與午點為主。由於晚上沒有活動因此,不宜給晚點。點心的給予應在正餐前1.5-2小時。幼兒點心製作時可由家長與幼稚園老師教導小孩認識食材,由帶領小孩製作出不同的食品或點心,讓孩子知道食物製作不容易,應節約不能浪費。

分析討論

　　行政院衛生署建議幼兒三歲一天約需1300大卡熱量,四歲一天需1400大卡熱量,四歲一天需1400大卡,五歲一天需1500大卡,六歲約1600大卡,食物中牛奶是幼兒成長所需每日建議給兩杯,然而有一些小孩不喜歡可用牛奶的取代品如冰淇淋、乾酪、披薩(上撒了乾酪)。肉、魚、豆、蛋類亦是幼兒成長所需,但量不宜過量。蔬菜類由少量漸增,由於幼兒牙齒成長需將蔬菜切碎或切小段給食。

　　小孩成長階段食物的介紹相當重要,如果沒有好的過程,可能會影響他們對食物的接受力,因此烹調是相當重要的,一般媽媽在小孩小時候烹調技巧均不是很好,因此建議媽媽們應接受烹調的訓練或多聽營養的演講,畢竟有正確營養觀念才能養出健康的小孩。

　　小孩胃容量小,每日飲食除了早、中、晚餐之外,要加二次點心(早點及午點),由於晚餐後就不太活動,須注意熱量不宜太高,以免造成肥胖。點心不宜太多,且須在正餐前二小時給,每次點心約100-150大卡,如鹹粥1小碗、牛奶1/2杯、餛飩3-4顆。

延伸思考

1. 配合小孩的生理需求給予食物，每位小孩對食物的喜好不同，不能強求。

2. 家中有幼兒及老人，食物的製作十分類似即少量多餐，一天中供給三餐及二次點心，晚餐熱量應減少，點心一次給100-150在卡。

3. 幼兒與同儕互相學習十分重要的，因此可安排小孩在幼兒園中，飲食習慣會有更多的變化。如小孩不喝牛奶可拜託老師將他安排在喜歡喝牛奶的小孩旁，他看到別的小孩將牛奶很快喝完，會激起他嘗試的心態。

第 ③ 章

幼兒期飲食問題

第一節　飲食習慣

一、幼兒吃素

近年來父母親吃素的比率越來越高，幼兒亦隨著吃素。吃素對幼兒身體有什麼影響呢。吃素可分爲純素、奶素、蛋奶素：純素者食物大多來自植物；奶素則除吃植物，另外喝牛奶；蛋奶素則除吃植物之外，還吃蛋及喝牛奶。

長期吃純素對幼兒而言會造成維生素B$_{12}$不足，因維生素B$_{12}$在動物性食物才會有，易造成貧血及神經炎，且由於缺乏鈣質、維生素D，還會影響骨頭的生長與發育造成軟骨症。

由於小孩正面臨發育期，必須攝取足夠的維生素及礦物質，吃素的小孩應給予一天一個蛋或二杯牛奶。

二、幼兒偏食的原因與解決之道

應讓小孩嘗試各種食物，但小孩有時喜歡某種食物，也不必勉強他吃。至於偏食的問題，事實上如果沒有極端嚴重可不必過度擔心，因爲小孩也可從別的食物中得到同樣的營養素。同時，孩子可能只是暫時不吃某些食物，過一陣子就好了，母親若過度強調，更引起其對該項食物的注意。

(一)孩子的偏食大致有下列幾種原因

　1.父母缺乏正確的營養知識

　　如現在的人過著豐衣足食的生活，有時父母認爲多吃肉不吃蔬菜，身體才會強壯，每天給小孩肉類之食物，使小孩的體質變爲酸性，對身體健康有害無利。所以母親買菜時，應廣泛挑選各種食物，並隨時接受新的營養知識。

　2.父母親本身偏食

　　有時父母親偏食，爲了孩子健康著想，即使做出自己不喜歡的菜給孩子吃，尤其在孩子進食時，若自己流露出厭惡的表情，小孩亦會受影響。有時父母不喜歡吃魚，討厭魚腥味，將觀念灌輸給小孩，使小孩對它產生厭惡感。

3. 烹飪方式不當

如調味不好、烹調方式沒有變化，或是小孩曾被熱湯燙到或被魚刺刺到，有此種不愉快的經驗，亦會對食物產生厭惡感。

4. 父母親過於放縱孩子

心腸軟的媽媽往往孩子要求吃什麼就給他什麼，這會使小孩吃得不正常。有些菜小孩可能只在某個階段不吃，所以平常母親應照做，但餐桌上至少要有一道孩子喜歡的菜餚。媽媽可以為孩子準備一個餐盤，每樣食物都給他一點點。

(二)解決之道

至於給予幼兒不喜歡的食物，方法如下：

1. 在小孩空腹時給予

母親應當以不在乎的態度來給食，並在他肚子餓時給食。

2. 烹調方法求變化

如煮、炒之外尚可用燴、紅燒、煎、炸、汆等方式，同時改變食物外形，改變烹調味道或以食物的取代品，如不吃牛奶可給冰淇淋或果汁奶。

3. 暫時停止供應他不喜歡的食物或供應次數、供應份量減少。

4. 孩子與同年齡小朋友共食

如在幼稚園中可要求老師將小孩安排至很喜歡該食物小孩的身邊，讓他從旁感受別的小孩喜歡該食物的氣氛，使他無形中對食物有好感。

5. 從改善食物本身下手

(1)吃蔬菜類

冬天吃火鍋最理想。

破壞外形，如 碎、拌肉炸丸子，或搗成糊、切小丁做沙拉。

美化外觀，如洋蔥切開後，分成一圈圈沾麵糊來炸，即可淡化味道。又因為一圈圈的，吃起來很有趣。胡蘿蔔可切成各式各樣的圖案，以求變化。

(2)不吃水果類

加蜂蜜、牛奶或其他愛吃又合適的食物打成果汁。

切的方式多求變化，可參考市面上出售的果蔬切雕書籍。

水果亦可入菜，如水果做成果凍。

(3)不喝牛奶

發育中的小孩應維持每天兩杯的攝取量；當小孩不愛喝時：

可加草莓、木瓜、花生打成果汁。

沖泡時可加入好立克、可可等，或煮麥片粥。

可從養樂多、冰淇淋、起司補充。

(4)不吃米飯

可以炒飯、燴飯代替，或在白米飯上灑紫菜等調味料。

(5)孩子挑嘴嚴重時，可多吃三明治。因為一份完整的三明治，已經完全包括蔬菜、水果、肉、魚、蛋、豆、奶這六大營養素。尤其麵包部分可切成圓形、長形、三角形等等，富於變化，極易博取孩子的好感，最能誘導進食。

三、食慾不振的原因與解決之道

(一)食慾不振的原因

所謂食慾不振是指小孩因器官性疾病或心理疾病所導致食慾減退、厭惡食物者稱之。其原因如下：

1.因生理疾病引起

如感冒、發燒、下痢等，待病癒後，食慾不振的現象自然會消除。此外維生素B的攝取不足亦會引起食慾不振。

2.缺乏運動，體力無法消耗

所以平常應帶小孩到戶外運動，接觸新鮮空氣與陽光，以增進食慾。

3. 過度疲勞

如果是身體疲勞，則休息後可恢復食慾；如果是精神疲勞，則應找出其潛在因素。如母親外出小孩睡醒，找不到母親感到精神不安會造成食慾不振，唯有讓小孩的情緒在慢慢恢復正常，方可恢復食慾。

4. 孩子精神受到刺激時，食慾會減退

如父母在孩子面前爭吵或家中發生不愉快的事，吃飯時太多禮節或飲食氣氛不愉快。解決方法，在於孩子對母愛的信賴重新建立後方可消除，或在快樂氣氛下進食，偶爾邀請玩伴共食，使小孩感到神奇可引起食慾。

5. 點心吃太多會造成食慾不振

點心對小孩而言是令人感到快樂的事，但吃多了會造成飽足感而引起食慾不振。尤以甜食吃太多，因攝入太多醣質，為了分解這些醣質消耗了體內大量的維生素B_1，使人感到疲倦，食慾不振。

(二)解決之道

至於食慾不振的解決方法如下：

1. 每次供應的份量不要太多，用實體小、熱量高（如三明治、炒飯等）的食物，而不用水分太多的食物。

2. 注意食物色、香、味的調配，尤以味道以清淡口味為主。

3. 用小巧可愛之餐具來盛裝食物。

4. 進食之氣氛愉快，如有柔和的燈光、音樂，或讓小孩與同伴一起進食，多做戶外運動以增加食慾，烹煮以他喜歡的烹調方式為重點。

四、幼兒肥胖

幼兒體重超過同年齡20%以上稱為肥胖，人體的脂肪組織從母親懷孕期就開始儲存；出生二歲之內脂肪細胞分化增加，嬰兒出生體重超過第九十百分位，至成年期肥胖的機會為正常嬰兒2-3倍，此時脂肪細胞數目較正常小孩數目多。

幼兒如果攝取過多的食物或熱量，超過身體需要會引起體重增加，有些小孩生長腺素減少導致醣類代謝異常。

肥胖兒的飲食應加以限制，應給予熱量較低的食物，不宜給垃圾食品。增加活動量，飲食與運動二者並兼爲之。也不能過度節食會引起肝腎功能受損、血壓過低、心律不整。

幼兒肥胖有可能是因疾病所引發，如腎上腺皮質激素過多如腎上腺腫瘤引起庫欣病，有四肢瘦，軀幹、腹部脂肪堆積，滿月臉、皮膚紫紋、肌肉無力、血壓高的現象；下丘腦部腫瘤引起神經系統和內分泌功能紊亂，有多食、嗜睡、智力低下的現象；甲狀腺發育不良，幼兒有矮小、四肢粗短、顏面水腫、舌外伸、腹脹、便祕。

幼兒肥胖應給予低熱量的飲食，配合運動。

應記錄幼兒每日飲食狀況和日常活動，避免食用高熱量、高脂肪的食物；減緩用餐速度；多吃含纖維質高的蔬菜；三餐中將晚餐熱量減低，二次點心以早點、午點來供餐；不宜用食物來做獎勵小孩的條件；改掉吃零食的習慣，早起做戶外活動。

預防幼兒肥胖應在胎兒於母體內最後三個月懷孕孕婦控制營養，因孕期營養過剩會引起胎兒體內脂肪細胞增大和脂肪細胞數目增加引發幼兒期肥胖。

第二節　器官引起

一、冠狀動脈疾病

父母親有冠狀動脈、高血壓、糖尿病、體重過重，小孩常會有膽固醇過高的症狀。

幼兒血膽固醇超過200mg/dl，低密度脂蛋白110-129mg/dl則須重測，因膽固醇太高會造成早發性冠狀動脈疾病，應以藥物及控制飲食，減少血中膽固醇才能預防動脈硬化。

　　此類幼兒嚴格禁食膽固醇高的食物如內臟、腦髓、動物肉類，宜吃穀類、蔬果。

二、高血壓

　　幼兒高血壓常源自後天性疾病如腎臟病（慢性腎臟病、先天性腎臟囊腫）、心血管疾病（主動脈及心臟狹窄）、甲狀腺機能亢進、紅斑性狼瘡所引起。

　　其症狀為頭痛、噁心、嘔吐，應做24小時尿液分析，除給予藥物外，應給予限制鈉鹽的飲食，食物不宜鈉鹽太高，不可給醃漬食品。

三、急性風濕熱

　　風濕熱是指小孩經鏈球菌感染，身體對鏈球菌產生抗體，此抗體可與心臟肌肉及瓣膜作用引起IgM及IgA沉積，在關節產生黏液腔水腫，在肺部引發風濕性肺炎，在皮下組織發生發炎水腫引發心肌發炎、瓣膜發炎、結痂、纖維化、鈣化，甚而而導致心瓣膜狹窄。

　　急性風濕熱的症狀會發燒，80%的幼童會有氣喘，肝脾腫大、四肢浮腫的心臟衰竭，在大關節及小關節引起紅腫，使小孩無法走路，除了用水楊酸及阿斯匹靈治療外，應用低鹽、高蛋白質及限制水分的飲食治療。

四、百日咳

　　百日咳是指呼吸道經細菌感染，引發嚴重咳嗽拖延日子長。

　　它大多發生在夏季經空氣及飛沫傳染，前期為流鼻涕、鼻塞，出現反覆性咳嗽，持續二週至四週。

　　治療除用抗生素之外，補充水分、電解質及營養品，不可吃橘子、柳丁等柑橘類水果。

五、腮腺炎

俗稱「豬頭皮」，幼童經呼吸道由病毒傳播，感染後平均潛伏期約二週，最常導致耳下腺腫大，最先為一邊耳下腺腫大，二至三天後另一側耳下腺也腫大，不可輕忽，應速看醫生，因延期看診會引發其他病症如腦膜炎、胰臟炎。控制腮腺炎應在週歲後給予腮腺炎、麻疹、德國麻疹三合一疫苗。

在飲食方面不宜給刺激性食物，如避免酸性食物或飲料，應給予清淡食物。

六、牙齒疾病

小孩自1歲長牙後，洗牙就須注意保養，口腔衛生習慣不好很容易造成蛀牙、牙周病；如果食物發酵及細菌分泌酸液沒注意，會使牙齒產生蛀牙，蛀牙應減少甜食如糖果的攝取。

小孩乳牙應注意保養，可至牙科醫生在牙齒上塗氟，勤刷牙及漱口，牙縫的食物殘渣應用牙線去除。

七、腹瀉

出生至五歲幾乎每位幼兒均會發生腹瀉現象，即排便成水狀，次數增多，引發發燒脫水，甚而會有血便的現象。

引發腹瀉的原因有發炎型與非發炎型。發炎型為細菌、病毒或寄生蟲引起，大小腸發炎，糞便多黏液及血液。非發炎性為病毒或寄生蟲感染於小腸，引起噁心、嘔吐，糞便為水狀。

腹瀉應讓腸道休息，給予水分，飲食不可有脂肪。因此清粥、麥粉是較好的食物。應該看醫生吃藥，否則長期腹瀉會導致營養素流失，造成營養不良。

八、便祕

約90%幼童因巨腸症、甲狀腺機能低下引發功能性便祕，有少數幼童因吃了太多的纖維素食物，如吃精緻的米飯、喝果汁，纖維素太少使排便有困難。

須對症下藥，使用軟便劑，多吃全穀根莖類、蔬菜類及水果類，以利排便，改善便祕習性。

九、急性胰臟炎

幼童常因腮腺炎、雷氏症候群、過敏性紫斑、彎管囊腫、天生血脂過高、血鈣過高。

其他原因包括蛔蟲感染，藥物使用，會引起急性胰臟炎。可有腹部上方或中央腹痛，血清中澱粉酶及脂肪酶升高，並經X光及腹部超音波檢查發現胰臟腫大可判斷為急性胰臟炎。

十、A型肝炎

又稱為傳染性肝炎。主要經口傳染，幼兒在幼稚園過團體生活較易被傳染，主要是經口傳入。

初期症狀為全身無力、疲倦、食慾不振、噁心、嘔吐。

最好的方法為好好休息，配合醫生給予藥物治療，補充足夠的蛋白質。工作員工勤洗手，注意衛生。

十一、幼兒貧血

貧血是指血液中的血紅素不足，使得血紅素降低，可能是由先天鐵不足、幼兒生長太快導致，身體中缺鐵會引起缺鐵性貧血，應由飲食中補充鐵質含量豐富的食物。幼兒如便血或血尿亦會因失血造成鐵缺乏而引起貧血，須及早治療，以免失血。

另外，罹患海洋性貧血是一種遺傳疾病，須藥物或輸血；如因鉤蟲感染，則須藥物來治療。

　　如果小孩因長期飲食不當，如不吃肉類、蛋或長期腹瀉、腸炎，會引起因缺乏維生素B12營養性貧血，會有浮腫、毛髮稀疏、表情呆滯、智力發育慢的現象。

　　貧血的小孩食慾不佳、發育不良、臉色蒼白、易疲勞、注意力無法集中，應給予鐵質高的食物如內臟、紅色肉類，如果疾病所引起須給予藥物治療。

十二、異位性皮膚炎

　　異位性皮膚炎是一種慢性皮膚病，免疫性過敏系統異常，病人皮膚乾燥、汗腺容易被阻，因熱、皮膚刺激、感染而抓養，引起濕疹。

　　幼兒異位性皮膚炎、濕疹發生在頭部，頭部、手腕會發癢，其治療法除了改善住家品質、穿棉質衣物、保持皮膚濕潤，應避免吃會引起過敏的食物。每位小孩對食物過敏不一，大多吃牛奶、蛋、花生、海鮮、蝦、鴨肉會過敏，因此飲食上應盡量少吃會引起過敏的食物。

第三節　代謝失調

一、甲狀腺功能過低症

　　新生兒篩檢中會檢查新生兒腳與血中甲狀腺刺激素，及早診斷先天性甲狀腺素。在出生三個月內如果發現新生兒有甲狀腺功能過低，應給予甲狀腺素治療，可預防智能不足。如果超過三個月至五個月未發現，小孩會有水腫、便祕、心跳變慢、脈搏減低、心臟擴大的現象。

　　此類小孩應給予適量的甲狀腺素，定期測血中甲狀腺素，並照X光檢查骨頭年齡。

二、幼兒期糖尿病

小孩可能因腮腺炎、德國麻疹的病毒威脅，身體免疫對胰臟產生抗體或因遺傳疾病導致身體胰島細胞減少，引發糖尿病。

糖尿病的小孩有多吃、多喝、多尿三種症狀，體重減輕、容易疲勞、腹痛、食慾不振。

幼兒期糖尿病須靠注射胰島素，並有良好的飲食控制，須依活動需要調整其飲食，飲食熱量分配50-55%來自醣類，15-20%來自蛋白質，30-35%來自脂肪。

每天須三餐之外加二次點心。

三、威爾遜氏症

此為染色體第十三對異常所引發的隱性遺傳病，體內銅代謝異常，在肝、腦、腎、角膜儲存引發的代謝異常。

在四歲發病，會有食慾不振、缺乏力氣、腹脹、肝脾腫大，嚴重時肝硬化。

有時有溶血性貧血，黃疸、腎功能減低、尿中鈣、磷排泄增加，佝僂病、骨頭疏鬆等症狀。

飲食避免含銅高的食物，如肝、巧克力、乾果、洋菇、避免肝受損，若肝硬化則要有肝臟移植之準備。

第四節　缺乏酵素

一、黏多醣病

此為一種先天酵素缺乏使得黏多醣無法代謝儲存在體內不同的器官而造成不同症狀，如黏多醣儲存大腦中樞神經會引起智能發育遲緩，在眼角膜引發網膜色素沉積有青光眼，在心臟冠狀動脈會引起心肌缺氧，合併肺部感染，引起死亡。在骨骼儲存會有關節畸形、鈣化、脊柱側彎、駝背的現象。

病童須藥物治療、預防感染、減緩骨骼畸型、避免呼吸道感染。

二、蠶豆症

當小孩因X染色體的「葡萄糖六磷酸鹽去氫酶（G6PD）基因」產生病變，導致G6PD酵素活性不足，因此小孩吃了蠶豆或接觸到樟腦丸、紫藥水、消炎藥等，會造成紅血球破裂而溶血，引起黃疸、貧血等現象；因此有蠶豆症的小孩不能吃蠶豆及蠶豆製成的點心，亦不能接觸樟腦丸、紫藥水及消炎藥，醫生開藥時應避免不合適的藥粉。

三、苯酮尿症

小孩因缺乏苯丙胺酸羥酶，無法代謝牛奶中的苯丙胺酸及苯丙酮等異常代謝大量堆積，小孩會有噁心、嘔吐、生長遲緩的現象。

應給予低苯胺酸配方奶，定期追蹤並適度調整食物中苯丙酸的含量。

四、肝醣貯積症

幼兒由於染色體隱性遺傳疾病缺乏酵素，導致肝醣無法分解，由於症狀不同分為肝臟型及肌肉型。

肝臟型在嬰兒期會引起血糖過低，小孩有抽筋的現象，四肢短小、軀幹肥胖、血糖低，在兩歲以前以葡萄糖餵食，兩歲以後增加澱粉類，以高蛋白為主。

肌肉型又稱為龐貝氏病，主要在出生2-3個月後全身無力，呼吸急促，心肌肥厚，至4-5歲引起肢體肌肉肥厚，應給予高蛋白的飲食。

第五節　寄生蟲、細菌及重金屬引起

一、阿米巴原蟲

父母常帶幼兒至河邊玩水，易接觸受阿米巴原蟲污染的水源或因烤肉未烤熟亦會有受到原蟲感染的危險。

阿米巴原蟲傳染途徑為糞便污染食物及水源，人吃了未煮滾的水或未煮熟的食物，原蟲孢子進入人體，經血液流至肝臟，引起肝膿瘍，大多發生在右側肝臟引發白血病增多，發燒等症狀。

阿米巴原蟲感染後經四天潛伏，會有腹瀉、腹痛、噁心、嘔吐、食慾不振的現象。

因此，水應煮滾，食物煮熟，重視環境衛生，避免飲用污染的水、水果或蔬菜。

二、毒漿蟲感染

毒漿蟲寄生在貓的腸道黏膜，經貓糞排出，當幼兒吃了污染貓糞便的食物，它就寄生在腦部、心臟及骨骼肌形成囊孢，引發器官病變。在大腦皮質引發腦膜發炎，造成小腦症或水腦症。在心肌引起心肌受損，有時造成發燒無力、呼吸困難、心肌炎、腦炎。

因此，家中有幼童，製備食物應完全煮熟，要以熟食餵貓，處理貓糞便應徹底洗手，不可以污染小孩要吃的食物。

三、傷寒

夏季因天氣炎熱小孩常吃了受污染的水、食物或接觸寵物，如雞、鴨、蛋、狗、貓、烏龜、青蛙而感染。

當傷寒桿菌經口入人體後，胃酸及小腸抗菌械轉可殺死細菌，剩下的細菌由腸黏膜進入腸壁，生長繁殖，經淋巴管進入血液，一般在八至七十二小時後引發腸胃炎、腹瀉、嘔吐，可持續二週以上，嚴重到引發脫水、休克死亡。

治療傷寒最好用藥物，避免食用受到污染的水或食物，食物一定煮熟，不宜用易腐敗的生鮮海產。

四、霍亂

霍亂是革蘭氏陰性弧菌，當幼兒吃了有霍亂弧菌污染的水或食物時，含有黏膜繁殖並分泌毒，使腸黏膜細胞分泌大量水分、蛋白質，減少腸道吸收力。

霍亂弧菌潛伏期六小時，剛開始腹瀉、噁心、嘔吐，開始糞便為黃褐色，最後呈米湯狀，體液急速下降，血糖降低、心律不整，最後引發酸中毒，甚而死亡。

霍亂區域常因環境不佳，應做好環境衛生管理及個人保健，食物一定煮熟，避免夏季吃生食。

五、臘腸桿菌

臘腸桿菌是一種厭氧菌，常存在罐頭食品、易腐食品及蜂蜜中。

幼兒發病時會有全身無力、哭聲微弱、便祕，診斷時應收集糞便做臘腸毒素檢查。

幼兒因抵抗力低，不能給予蜂蜜及過期的加工品，應以季節性的食品。

六、鉛中毒

鉛分布在空氣、灰塵及泥土中，汽機的汽油、油漆中含鉛、住在工業區內如電池工廠、廢五金、廢電池處理場，當不慎吸入含鉛的空氣或吃入污染鉛的水或食物，剛開始時，呈現慢性疾病，如嘔吐、食慾不振、貧血、協調性不佳；急性病毒會有嚴重嘔吐、四肢不穩、昏迷、抽筋等現象。

治療鉛中毒須找出來源，以免誤食。如住家在工業區內則因工廠排放廢水或廢氣含鉛，會引發鉛中毒，則須搬家。

<h1 style="text-align:center">第六節　幼兒肥胖</h1>

幼兒期肥胖會引發成年期肥胖，導致成年期身體疾病如心血管疾病、糖尿病、肥胖等疾病。

一、幼兒肥胖之定義

表3-1　幼兒肥胖之指標

年齡＼BMI值	BMI-男生	BMI-女生
二歲	大於或等於19	大於或等於18.3
三歲	19.1	18.5
四歲	19.3	18.6
五歲	19.4	18.9
六歲	19.7	19.1

二、肥胖小孩飲食設計

(一)熱量

小孩肥胖可用飲食設計來降低其熱量的攝取，若每天少200大卡，則一個月約可降低1公斤的體重。

(二)食物選擇

六大類食物只有蔬菜熱量最低，可用蔬菜來做菜。然而，幼兒牙齒咀嚼力不佳，因此要選用嫩的菜或將菜剁碎或切碎，加入肉類或全穀根莖類中。

肉類應選用瘦肉，不要用有肥肉的部分；牛奶選用脫脂奶或低脂奶；忌食甜點、可樂、汽水、油炸食品。

㈢食物烹調

用烤、燻、煮、燒、滷、汆、涮、拌的烹調，忌用油炸、加油多的烹調。

㈣飲食習慣

1. 先吃熱量低的食物，如先喝湯、吃蔬菜，再吃肉類。

2. 選擇帶骨的肉類及帶殼的海鮮。

3. 以半葷素或素食取代葷味。

4. 吃飯細嚼慢嚥，切忌太快。

5. 不要有零食，減少誘惑。

6. 吃完飯立刻刷牙，不要留食物味道在口中。

7. 多喝水。

8. 每日運動。

第七節　過動兒飲食

小孩注意力不集中、活動量多、心智協調差、情緒障礙、學習困難，這一類的小孩大多在五、六歲以後才逐漸出現，在團體生活中常會干擾別人被同儕排擠，教學上破壞班上秩序，實際上這一類小孩在生理上、心理上、社會性的發展與一般小孩有不同。

一、過動兒的成因

過動兒的引發原因有生理因素、心理因素與環境因素。

㈠生理因素

過動兒的產生主要因下列生理因素引起：

1. 神經系統統合失常

過動兒常因前庭神經核系統失常，維持身體肌肉張力及運動失衡失調，引發小孩分心。

2.腦功能失調

可能大腦受損、大腦化學成分失調造成大腦額葉或中樞神經功能失調，導致小孩過著無目標的活動。

3.血醣缺乏

小孩血醣下降，就會有暴怒、冒汗、焦慮的現象。

(二)心理因素

1.不能給予太多壓力

過動兒家庭不能給予太多壓力，小孩會以好動行為來表現。

2.應多給予獎賞與關懷

(三)環境因素

1.母親懷孕與生產時受到傷害

受疾病感染、濫用藥物、黃疸過高、頭部受傷，生產使用產鉗會導致小孩好動，易分心。

2.家庭環境

小孩成長過程，過度受到刺激也會讓小孩有過動現象。

環境中有鉛污染，如使用含鉛汽油，使吸入太多鉛，造成血液中鉛太高所導致。

二、過動兒的因應

過動兒的特質可能會伴隨他一生，早期療育是很重要的。過動兒的治療有下列幾項：

(一)藥物治療

過動兒之判斷是由醫生來判斷，醫生可使用量表來測量。

若已嚴重到妨礙學習、人際關係及人格發展時，可由醫生開藥來治療。

(二)行為治療

每位過動兒的情況不一，父母須靜下來了解孩子的特性是何種特性，是情緒不穩定？人際障礙？生活習慣不好？注意力不集中？環境適應障礙，依先後順序，由容易處理的行為先處理，不能一次處理太多行為。行為治療家人的態度須一致性。

1. 在學校選擇：應選擇班級人數少的學校，老師教學每隔10-15分就休息一下。

2. 學校座位：學校以簡單、安靜、明顯位置，讓老師容易制止不當行為。

3. 家庭教育：鼓勵好行為，不要過度嘮叨過去不良事蹟，多做戶外活動如打球、騎腳踏車，設計一些促進感覺統合功能的活動，如玩沙或草地打滾，有助於改善偏差行為。

三、飲食治療

過動型缺乏B_1、B_6、菸鹼酸、鈣、鐵、鋅、鎂、色氨酸；體內葡萄糖代謝異常；重金屬如鉻、銅、汞中毒；加工食品色素、精緻糖類、零食及飲料忌食，如糖果、餅乾、可樂、巧克力。

過動型的飲食是要補充B_1、B_6、菸鹼酸、鈣、鐵、鋅、鎂、色氨酸之食物：

過動兒補充之營養素與食物營養素食物

(一)B_1：葵瓜子、豆類、青蘆筍、肝臟、花生、蘑菇、麥片、牛奶、馬鈴薯、番茄

(二)B_6：酵母、小麥、玉米、肝臟、牛奶、蛋、肉類、魚、綠色蔬菜

(三)菸鹼酸：小麥、麥片、魚、家禽、花生、雞肉、鮪魚、比目魚、鮭魚

(四)鈣：牛奶、代酪乳、綠色蔬菜、豆類

(五)鐵：肉類、海鮮、內臟、烘焙食品

(六)鋅：海鮮、肉類、全穀根莖類

(七)鎂：葉菜類、花椰菜、南瓜、豆子、堅果、全穀類

(八)色氨酸：牛奶、優酪乳、乳酪、小米、大豆、堅果、蛋、肉、海藻、香蕉

營養補給站

　　長庚醫院對二至四歲幼兒做飲食行為調查，發現幼兒偏食高達65%，其中24%偏食的小孩比同齡幼兒瘦小，身高矮6公分，體重亦輕2公斤，偏食行為若沒改善，會影響幼兒腦部與身體肌肉的成長與發育，也會引起注意力不集中、情緒低落或脾氣暴躁。現代兒童偏愛的食物有吃高油、高糖、高鹽的食品，如炸雞、蛋糕、速食、糖果、汽水，蔬菜、水果的攝取量反而偏低，引發身體肥胖或疾病提早上身。矯正兒童偏食，可在漢堡製作時，選用全麥麵包，加入生菜、番茄、小黃瓜、苜宿芽、紅蘿蔔，沙拉醬可選用低脂。水果是小孩可選用的，因它具不同形狀、顏色及各種水果的不同風味，可讓小孩學習切丁、切塊，創造新的外形與口感，可帶小孩至果園採果，除享受採果實，亦可教導小孩洗水果、切水果、吃水果。

分析討論

　　小孩的飲食問題常由於生理因素引起，在近日報紙報導一位幼兒食量超大，吃了又長不胖，到醫院檢查才發現肝臟有了寄生蟲，須做藥物治療。

　　有的小孩一出生就缺乏某些酵素，不能分解食物中的營養素，在食物的選擇相當困擾，須選擇經過加工過的營養成分，養育這一類的小孩父母親須花更多的心力。

　　近年來台灣發生的問題是營養過剩，由於父母親常以炸雞、漢堡、過量的肉類、飲料給小孩，造成所謂垃圾食品的攝取。所謂「垃圾食品」，是指食物中含單一營養素，如可樂只含糖，糖果只含糖。因此，在幼兒食物選擇應選擇含有多種營養成分的食物。其實，中式食品中的水餃、包子、鹹粥均含有各類食物，可作為小孩好的選擇。油炸類食品香味四溢很吸引小孩，但油脂量太高對幼兒身體健康並不好。

均衡的飲食才是哺育小孩最好的方案，一天給予幼兒二杯牛奶、一個蛋、1/2塊豆腐、1/2兩魚、1/2兩肉、1/2兩深綠蔬菜、1/2兩其他顏色蔬菜、1/2-1個水果分配至早、中、晚餐及二次點心中，將可使小孩健康地成長。

　　2009年調查顯示幼兒常有飲食習慣不佳造成便祕，就讀幼稚園的小孩若有肚痛、絞痛到臉色發白，X光影像照攝可能肚子都是大便。食物中蔬菜、水果、五穀根莖類有纖維素，幼兒要均衡地攝取蔬菜、水果，水果中水溶性的纖維可協助吸附水分，增加糞便量，協助排便。

　　試著讓小孩吃下水果中的纖維素，如剝吃橘子、柳丁、奇異果，不要全打成果汁，攝取足夠的纖維素，小孩大便才會通暢。

延伸思考

1. 小孩飲食問題均不一，須找出問題，面對問題去解決。
2. 少量多餐，三餐及兩次點心之餐食分配。
3. 注重幼兒餐食之調配，搭配及運用合適的烹調。
4. 建立幼兒良好的飲食習慣是很重要的。

第四章

幼兒罕見疾病及治療

第一節　罕見疾病的起源

在台灣，罕見疾病是生命傳承中的意外，人體內有五萬到八萬個基因，由男女兩性的結合，將基因傳承下去，若遺傳基因發生變異，就可能把缺陷的基因傳給子女，造成遺傳性疾病。在台灣，罕見疾病基金會可掌握的罕見疾病有八十九種。罕見疾病世界上有一萬一千多人，發生率在萬分之一以下。此種疾病發生率低，但不幸罹患是每個人之痛，亦須克服的。

在婚前做遺傳檢查、諮詢與生化檢驗，以獲得充分資訊，決定是否結婚，評估自身狀況及未來照顧能力，決定是否生下胎兒。若生下罕見疾病兒應及早發現，及早治療，把握早期療效，才是珍愛生命的表現。

第二節　罕見疾病的種類及治療

現依序介紹各種罕見疾病的種類及治療：

表4-1　各種罕見疾病的種類及治療

疾病名稱	症狀	治療方式
成骨不全症：玻璃娃娃	症狀輕者會有骨質疏鬆，重者則會發生頻繁的骨折。	使用氟化物、鈣片、雙磷化合物。
裴馨氏肌肉失養症	行動日漸遲緩、經常跌倒、蹲站吃力。	沒有特效藥可治療。
苯酮尿症	智力與行為能力退化、語言障礙。	食物型：避免吃苯丙胺酸的食物。 藥物型：嚴格限制飲食，補充神經傳導物質。
白胺酸代謝異常	持續性嘔吐、四肢無力、盜汗、手腳冰冷、臉色蒼白、呼吸改變、抽筋痙攣、暴躁易怒、昏睡乃至昏迷。	無治癒的藥物。 每日服用肉毒鹼（L-carnitine）。

疾病名稱	症狀	治療方式
結節性硬化症	1. 在不同器官出現瘤塊。 2. 臉部出現血管纖維瘤或額頭斑塊、指甲邊緣有纖維瘤、身體上有三個以上的脫色斑、臉部或身上有較為粗糙的鯊魚皮斑。	服藥控制癲癇，使腦細胞不致受損。
亨丁頓舞蹈症	情緒異常、變得冷漠、易怒或憂鬱，手指、腿部、臉或軀幹出現不自主動作，智能衰減，判斷力、記憶認知能力減退。	可藥物治療，但無法痊癒。
脊髓小腦性共濟失調	1. 身體會抖，動作變慢，精準度變差。走路不穩，容易跌倒，兩腳通常要張得開開的眼球轉動異常。 2. 講話含糊不清。	可使用藥物治療，控制病狀。
黏多醣症	1. 身材矮小長不高、頭顱變大、濃眉、臉部身體多毛、鼻樑塌陷、嘴唇厚實。 2. 關節變形僵硬、手臂粗短彎曲、爪狀手、短下肢、膝內翻、脊柱變粗。 3. 肝脾腫大、腹部突出、肚臍疝氣、腹股溝疝氣、角膜混濁。	分為六型，目前針對第一型與第六型以酵素取代療法。
肝醣儲積症	1. 肝臟的肝醣代謝受阻礙、因而出現肝脾腫大以及血糖過低的現象。 2. 肌肉的肝醣代謝異常，無法製造提供肌肉所需的能量，導致肌肉無力及抽筋。	給予症狀治療，限制醣類食物攝取，並且以生玉米粉提供葡萄糖供應。
高血胺症：尿素循環代謝異常	嘔吐、餵食困難、吸吮力變差、呼吸急促、易倦怠、體溫不穩、肌肉張力增強或減弱、意識弱化甚至昏迷。	限制攝取蛋白質類食物。服用Ucephan Buphenyl之將血胺藥。按時服用口服肉毒鹼（L-carnitine）。

疾病名稱	症狀	治療方式
泡泡龍：遺傳性表皮分解性水皰症	1. 全身各部位皮膚都有可能起水泡、血泡，較嚴重者，連口腔、食道、腸胃等黏膜部位也起　。 2. 手指和腳趾黏連成塊，指甲脫落。 3. 長期會有貧血、營養不良、肢體萎縮、關節攣縮，甚至產生皮膚癌，必須截肢。	無法根治，只能減少新水泡的產生。
楓糖尿症	嘔吐、嗜睡、食慾減低、呼吸急促、黃疸、抽搐，身上散發焦糖體味或尿味，嚴重則會意識不清、昏迷甚至死亡。	接受特殊藥物以及奶品治療。
粒線體缺陷	神經肌肉運動失調、智能不足、肌肉無力、癱瘓臥床，甚至造成糖尿病、眼盲、失聰、不孕等。	無藥物可以根治，僅能以引發症狀照護。
脊椎性肌肉萎縮症	四肢無力、哭聲無力、呼吸困難、無法站立行走、肌腱反射減退、舌頭或手部偶爾顫抖。	僅能經由水療、按摩，以及物理治療等改善四肢行動的靈活度。
威爾森氏症	1. 過量的銅堆積影響肝臟功能，造成肝炎、肝硬化、黃疸、白蛋白降低、腹水、凝血機能異常。 2. 過量的銅會侵害腦部引發神經精神症狀，出現顫抖、不自主運動、步伐不穩、肢體張力異常、口齒不清、流口水、吞嚥困難。	服用藥物加速銅的排除。採用D-penicillamine和trientrine HCl。
甲基丙二酸血症	嗜睡、意識不清、呼吸急促。	服用特殊配方的奶粉，嚴格控制蛋白質的攝取（每日1-1.5gm/kg）。
多發性硬化症	1. 視力模糊、複視、視野缺乏、不自主眼球跳動，甚至失明。	使用乙型干擾素（Interferon beta-la, Interferon beta-1b）及Copolymer-1來延緩病情惡化。以解痙劑或肌

疾病名稱	症狀	治療方式
多發性硬化症	2. 失去平衡感、四肢無力、下肢或四肢癱瘓。 3. 因肌肉痙攣或僵硬影響活動力、抽筋。 4. 常感覺灼熱或麻木刺痛、顏面疼痛（三叉神經痛）、肢體痛。 5. 講話速度慢、發音模糊、講話節奏改變、吞嚥困難。 6. 容易疲勞、頻尿、尿液無法完全排空、便祕、大小便失禁。 7. 短期記憶、專注力、判斷力有問題。	肌鬆弛劑紓解痙攣。大量類固醇靜脈注射加口服治療視神經炎。 抗癲癇劑及抗憂鬱劑減緩慢性疼痛。 使用抗乙醯膽鹼劑（如Oxybutynin或Propanthe-line）治療排尿不正常。
性連遺傳低磷酸鹽佝僂症	1. 在X光檢查中可看到骨端擴大呈杯狀、骨樑粗大。 2. 下肢彎曲、髖關節內彎、膝關節內彎或外彎、嚴重者在胸廓肋骨會有佝僂症串珠。 3. 骨頭軟弱易疼痛、肌肉無力容易跌倒及發生自發性骨折。 4. 輕至中度的發育不良，生長遲緩，成人身高多在130-160公分之間。 5. 腎小管與腸胃道對磷的吸收減低，新骨形成緩慢。 6. 有些患者齒髓腔大、琺瑯質發育不全、齒齦與齒根間周圍感染、長牙遲緩。	採用大量維生素D可以明顯改善骨骼發展和畸形現象。 每天採用10,000-50,000單位中劑量的維生素D2以及每天五次口服高劑量的無機磷酸鹽1-4公克。
法布瑞氏症	1. 手腳發生間歇性的疼痛或感覺異常。 2. 下腹、大腿、陰囊、外生殖器的皮膚上出現紫黑色的皮膚病變。	治療方式可以分為症狀治療以及酵素替代療法。

疾病名稱	症狀	治療方式
遺傳性紫質症	1. 皮膚病變：輕微碰撞皮膚就會造成傷口且不易癒合。 2. 部分病患對陽光敏感、陽光照射會有潰爛、水泡、結痂或色素沉澱。 3. 神經內臟症狀：腹痛、嘔吐合併焦躁、沮喪與混亂等精神症狀。	沒有特定藥物可以治療。
柯凱因氏症候群	1. 小頭、腦萎縮、智能障礙、步伐逐漸不穩、語言發展遲緩或不會說話。 2. 齲齒嚴重、牙齒參差不齊，牙齒咬合不良。 3. 皮膚因對光敏感而長紅疹，嚴重時會長水泡、破皮。 4. 角膜逐漸混濁且潰瘍、斜視、眼球震顫。 5. 身材矮小、關節僵硬、活動受限。	沒有特定藥物可以治療，只能採用支持性療法減緩症狀。
軟骨發育不全症	突額、鼻樑塌陷、手指粗短、腹部前凸。併發症有水腦、中耳炎、駝背。	沒有特定藥物可以治療。
異戊酸血症	發育遲緩、運動失調、昏迷甚至死亡。	早期發現早期治療。 控制飲食，攝取甘胺酸（glcine）及肉鹼（carnitine）降低體內的易戊酸含量。
普瑞德－威利氏症候群	肌肉鬆弛且張力不足，呼吸障礙或睡眠呼吸暫停，缺乏色素，膚色或髮色較淡，近視或斜視，脊柱側彎、骨質疏鬆，性腺發育不全，第二性徵不明顯，情緒或行為問題。	以控制飲食為主，嬰兒時期可用鼻胃管餵食來提供足夠營養。

疾病名稱	症狀	治療方式
外胚層增生不良症	1. 毛髮纖細、乾燥、色淺、稀少甚至缺乏；汗腺與分泌油脂的腺體發育不良或缺乏；黏膜發育不良，缺乏口腔黏膜及鼻黏膜萎縮。 2. 牙齒發育不良或缺乏牙齒。 3. 低鼻樑，鼻翼發育不良。 4. 呼吸道易感染。	沒有特定藥物可以治療，只能採用支持性療法減緩症狀。
尼曼匹克症	肝脾腫大、智能退化、眼球垂直運動障礙。	尚無治療方法。
先天結締組織	關節寬鬆、皮膚表皮光滑柔軟較鬆弛易拉長。	尚無治療方法。
第一型戊二酸血症	1. 焦躁不安、失去食慾、嗜睡和張力低。 2. 運動困難、漸進式的手足舞蹈症、肌肉低張到僵硬、麻痺、角弓反張。	尚無治療方法。 以飲食控制與症狀治療處理。攝取專用的奶粉（Xlys low analog與Glutares-1）。日常飲食須限制離胺酸與色胺酸的攝取，注意足夠能量與蛋白質攝取。亦可補充核黃素（維生素B2）約200-300mg，補充肉鹼50-100mg。
脂肪酸氧化作用缺陷症	呼吸困難、食慾不佳、嘔吐、體重減輕、胸口悶、幻聽、視力模糊、記憶力減退。	脂肪酸氧化異常治療是靠肉鹼，肉鹼可有效控制原發性肉鹼缺乏症，不過肉鹼對其他脂肪氧化異常患者效果不定，有時會產生壞處
持續性幼兒型胰島素過度分泌低血糖症	1. 年紀輕：低血糖，例如飢餓、精神不佳、停止呼吸、癲癇。 2. 年紀大：除了上述還會有大量出汗、精神混亂或不正常的情緒、行為改變。	藥物治療：靜脈注射葡萄糖或升糖素，另外可使用Diazoxide或Chlorothiazide。手術治療：胰臟切除手術。少量多餐，選擇高碳水化合物高蛋白飲食，也可食用生玉米，維持正常血糖

疾病名稱	症狀	治療方式
Beckwith Wi-edemann症候群	過度發育、巨舌和腹壁缺陷,另有臍膨出、臍疝氣與直肌分離等三種主要病徵,還包括半側肢體肥大、胚胎性腫瘤、腎上線皮質巨細胞、耳朵異常、內臟肥大、腎臟異常、新生兒低血糖、唇顎裂及顯著家族史。	切除部分舌頭或是成年後的頷削減手術。
Cornelia de Lange症候群	身材矮小、發展遲緩、臉部異常、重要器官異常,尤其是心臟、呼吸系統異常、骨骼系統及行為問題。	目前無特殊有效藥。
瓜胺酸血症	1. 瓜胺酸血症第一型:焦躁不安和呼吸急促。 2. 瓜胺酸血症第二型（新生兒）:膽汁鬱積型黃疸,肝臟功能異常,產生多種高胺基酸血症、半乳糖血症與脂肪肝等情形。嚴重的新生兒會生長遲緩、貧血或異常出血不止、低血糖、肝腫大或肝衰竭。 3. （成人）:反覆的高血胺而出現意識不清、行為怪異、記憶喪失或其他的精神症狀,甚至抽搐死亡。也可能有肝臟問題。	1. 低蛋白飲食。 2. 特殊奶粉。
中鏈脂肪酸去氫酵素缺乏症	1. 嘔吐。 2. 腹瀉。 3. 精神委靡、容易入睡但不易清醒。 4. 呼吸困難。 5. 代謝性酸中毒、低血糖。 6. 嚴重者,甚至會發生呼吸、心跳停止或癲癇。	低脂飲食、生玉米粉、口服肉鹼。

疾病名稱	症狀	治療方式
遺傳性痙攣性下身麻痺	神經損傷局限於下半身，進而導致下肢進行性的肌肉無力感或肌張力增強、膀胱無力、輕微的下肢震顫感受及本體感覺減少，嚴重者行走困難、下肢麻痺、尿失禁、痙攣、智能障礙、神經元病變。	1. 物理治療。 2. 職能治療。 3. 減少抽筋和肌肉緊繃的藥物。
歌舞伎症候群	1. 臉部特徵：眉毛長而寬、眉型較彎成弧形、明顯長睫毛、下外側眼瞼外翻、斜視或眼顫、較長的眼裂及低扁的鼻尖、招風耳、合併唇顎裂、齒列排列不齊。 2. 生長遲緩：神經系統、骨骼系統、心血管系統發展遲緩。	症狀治療。
原發性慢性肉芽腫病	1. 淋巴結腫大包含：頸部、腋下或鼠蹊部。 2. 肝腫大或肝膿瘍甚或因骨頭感染而導致的骨髓炎。 3. 反覆感染而導致多個器官產生肉芽腫，如皮膚、肺、軟組織、呼吸道、淋巴結、肝臟、骨頭等，也會因為反覆性感染的問題，患者易有肺炎、肺膿瘍或其他慢性肺感染及直腸裂隙等問題。 4. 可能發生敗血症症狀。	使用預防性抗生素藥物減低受感染的機率；丙型干擾素注射治療，治本方法是骨髓移植。
Menkes氏症候群	1. 神經方面：出現癲癇、肌肉無力、餵食困難、發展遲緩、體溫較低、大腦和小腦進行性的退化等現象。 2. 皮膚毛髮：大部分患者於嬰兒期外觀上具有特別白的皮	主要採症狀或支持法治療，即於人體皮下靜脈注射組織胺酸銅，以提升細胞內銅離子濃度，並非能治癒但可改善症狀並延長生命。

疾病名稱	症狀	治療方式
Menkes氏症候群	膚及膨鬆的臉頰，所以又稱天使臉嬰兒。頭髮漸淡、頭髮粗短，皮膚較為鬆弛外，顏色不均的色素斑。 3. 其他方面：尚可能包括有漏斗胸、小下巴、血管發育異常及漸進行腦部萎縮、新生兒體溫不穩定及低血糖、腹瀉、胃瘜肉、膀胱氣室等。	
肌小管病變	1. X染色體隱性遺傳型（簡稱為XLMTM）：呼吸衰竭、肌肉發展遲緩及吞嚥困難，患者的智能正常，其他併發症包括水腦、球形紅血球症所引起的貧血、隱睪、脊椎側彎及牙齒錯位咬合，部分患者有肝臟功能問題。 2. 體染色體隱性遺傳型：漸進式退化疾病，部分患者仍須仰賴呼吸照護。患者面部肌肉無力。 3. 體染色體隱顯性遺傳型：髖關節及肩膀逐漸無力、步態不穩，晚期可能須輪椅代步。	目前無積極的治療方式，但呼吸照護為最重要的治療方式。患者須長期仰賴呼吸器。
丙酸血症Propi-onic Acidemia	餵食困難、嘔吐、嗜睡、肌肉張力、脫水、癲癇、酸中毒及高血氨，如無適當治療，可能導致智力障礙、昏迷與危害生命的併發症	嚴重血酸時，須限制蛋白質攝取、增加醣類熱量來源、補充水分、給予L-Carnitine，並可考慮注射碳酸鹽。平常時期病人需要限制蛋白質攝取，並搭配使用不含甲硫胺酸、酥胺酸、頡胺酸、異白胺酸的特殊配方奶粉，以降低特定胺基酸的攝取並控制來自食物的蛋白質。

疾病名稱	症狀	治療方式
Wiskott-Aldrich 氏症候群	1. 血小板數目低下或血小板形狀小:血便、黏膜出血(如鼻涕血)、不易凝血、身上有不尋常的瘀青。 2. 免疫功能異常:造成反覆性的細菌、病毒感染,如中耳炎、肺炎、腦膜炎、敗血症等。 3. 濕疹:約有大於75%的患者會出現濕疹,而有此症狀的患者較容易對過敏原產生反應而併發氣喘等症狀。 4. 自體免疫反應:約有40%的患者會有自體免疫反應,而導致自體溶血性貧血、血管炎、腎臟疾病、關節炎、過敏性紫斑症等症狀。	在治療上主要為症狀治療。對於血小板低下或嚴重出血,可輸予血小板或輸血;若血小板數目仍持續偏低,則可進行脾臟切除手術,但必須考量手感染的機率會因此提高。根治方法為幹細胞移植,如骨髓移植或臍帶血移植。
Lowe氏症候群	1. 眼睛:約半數患者出生時有天性白內障,50%男嬰患有青光眼。 2. 中樞神經系統:出生時肌肉張力弱,而導致餵食困難、頸部無力、吸吮及吞嚥困難。 3. 腎臟:腎小管功能異常。 4. 其他症狀:身材矮小,易有佝僂症、骨折、脊椎側彎與關節的問題、智能障礙、易發怒、頑固、異常的重複性動作、注意力不集中。	目前採症狀治療,而藥物治療可維持電解質之平衡,慢性腎衰竭之患者必須嚴格監測電解質、酸鹼質,因腎衰竭會引發感染脫水及肺炎而死亡。
進行性神經性腓骨萎縮症	高足弓通常為第一表徵,也有患者為扁平足,腳部呈現拱形及易彎曲的腳趾頭。由於末端神經逐漸退化,影響患者行走能力,常跌倒或扭傷。患者手部功能因肌肉無力而無法作某些動作。	目前無根治的治療,僅能症狀治療。維持運動是很重要的。

疾病名稱	症狀	治療方式
重型海洋性貧血	1. 甲型海洋性貧血：組織缺氧、胎兒水腫、肝皮腫大、胸腔積水、腹水以及全身皮水腫等現象，大部分出生後不久即死亡，少數會胎死腹中。 2. 乙型海洋性貧血：發育不良、生長遲緩、額頭或雙頰骨突出、牙齒咬合不正、鼻樑凹陷等庫里氏臉型、骨骼變薄而易發生骨折等。	1. 甲型海洋性貧血：並無特殊有效治療方式。 2. 乙型海洋性貧血： 　(1) 長期輸血以輸入濃縮紅血球。 　(2) 注射或口服排鐵劑。 　(3) 脾臟切除。 　(4) 骨髓或臍帶造血幹細胞移植。
多發性翼狀膜症候群	主要病徵是臉部異常、身材矮小、脊椎缺陷、關節彎縮與異狀膜導致的肢體畸形。	以支持性治療為主，癒後則依其異狀膜與脊柱側彎的嚴重程度而定。應在早期會診外科積極治療。另外患者也可能需要眼科、耳鼻喉科之專業評估。
Angelman氏症候群	又稱天使症候群，是嚴重學習障礙並伴隨特殊的面部表徵與行為的神經性疾病，於孩童早期會出現嚴重的語言、心智發展遲緩且伴隨特殊行為，如過度發笑、肢體不自主抽搐等症狀。因患者會經常性地大笑、拍手，外觀上看起來開心且興奮，所以此疾病又俗稱為「快樂玩偶」。	此疾病只能針對症狀治療。
面肩胛肱肌失養症	1. 顏面肌肉變得無力，表情減少，且無法吹口哨，笑起來嘴唇會成直線與微微嘟嘴的樣子，講話不清楚。有些睡覺時眼皮無法閉合。 2. 有些孩童，軀幹會產生變形，而導致脊椎前彎。 3. 因肩膀肌肉受到影響，故常無法舉高超過頭部，且亦會因肌肉無力而無法固定肩胛骨，而導致肩甲骨凸起。	以症狀治療為主。生活上須注意： 1. 規則性輕微運動，也須注意體重。 2. 外科手術固定肩甲骨。 3. 類固醇藥物治療。 4. 復健及支架的輔助治療。

疾病名稱	症狀	治療方式
面肩胛肱肌失養症	4. 上臂較細，前臂相對較粗，又稱卜派手。	
涎酸酵素缺乏症	第一期：視力減退且因肌陣攣而影響行走能力。其他症狀包括：癲癇發作、反射過強與運動失調。第二期：肝脾腫大、骨骼異常、臉部外觀粗糙與智能障礙。	治療以支持療法與症狀緩解為主
肌肉強直症	肌肉無力及萎縮現象，肌肉無力的範圍除了四肢外，還包括有臉部肌肉、咀嚼飢及頸部肌肉。	目前無法根治。肌肉部分可以用藥物來放鬆。
骨質石化症	1. 嬰兒型骨質石化症：貧血、易瘀青、出血及反覆感染、生長遲緩、易骨折、前額隆起、眼顫、肝脾腫大、膝外翻。 2. 成人形骨質石化症：骨骼肌肉系統問題。 3. 中間型骨質石化症：病情比成人型嚴重。 4. Carbonic anhydrase type II (CAII) deficiency：骨密度高、易骨折、顱內鈣化、聽力下降、發展障礙及酸中毒。	皮質類固醇、高劑量的鈣三醇與干擾素r對此症狀有效。骨髓移植，是嬰兒型唯一的治療方式。
威廉氏症候群	1. 心血管問題。 2. 高血鈣。 3. 牙齒咬合問題。 4. 關節硬化。 5. 聽覺敏銳。 6. 智能不足。 7. 過動及注意力不集中。	應避免實用額外的鈣片及維生素D，預防高血鈣，門診定期追蹤心臟問題並適時接受心導管檢查及治療。
Treacher Collins	1. 臉部外觀異常。 2. 呼吸道狹小。 3. 少數患者智能障礙及生長遲緩。	治療部分須注意嬰兒期顏面異常是否影響呼吸，其他需要耳鼻喉科、眼科、牙科、整形外科等之專業評估。

第四章 幼兒罕見疾病及治療

141

疾病名稱	症狀	治療方式
神經纖維瘤症	雙側前庭神經末梢瘤、腦及脊椎神經多發性腫瘤。	目前尚無有效治療方法
囊狀纖維化症	汗味重、哮喘、感染肺部疾病、發育不良、糖尿病、不孕症。	主要注重在解除感染時的症狀，並配合拍痰及姿勢引流等以利濃痰排出，必要時則須抽痰或以外科手術治療肺塌陷、氣胸等併發症。
原發性肉鹼缺	抽筋、昏迷。	罕病特殊用藥。
瑞特氏症候群	1. 失去意義的語言表達及手部運動技巧；出現重複性手部運動。 2. 6-18個月出現成長遲緩。 3. 抽搐或癲癇。 4. 脊柱側彎或前彎。 5. 腸胃、口腔運動異常：皮膚發紫、體溫不穩、過度呼吸、呼吸暫停。 6. 步態不穩。	尚無有效的治療方法，僅採症狀治療，例如復健治療。
肌萎縮性側索	1. 侵犯四肢開始：症狀首先是四肢肌肉某處開始萎縮無力，然後擴及至全身，最後呼吸衰竭。 2. 以延髓肌肉麻痺開始：在四肢活動功能未受影響前，就已出現吞嚥、說話困難的症狀，四肢症狀隨後出現，病情較快惡化。	目前沒有積極有效的治療方法，但有一種叫Riluzole的藥物可稍延緩病程。
層狀魚鱗癬	皮膚呈現魚鱗狀、手腳掌增厚、頭髮稀疏、眼瞼嘴唇外翻、手指畸形以及皮膚損傷造成汗腺功能異常。	新生兒之營養及水分須由靜脈注射提供，直到可由喝奶得到足夠的養分。沐浴可改善皮膚乾燥，含維生素D相似物，疼痛處理，如非類固醇抗發炎及嗎啡。嚴重之眼瞼外翻可給予人工淚液。含類為他命A酸的乳液可減輕皮膚過度角質化。

疾病名稱	症狀	治療方式
腎上腺腦白質	1. 兒童大腦型：學習或行為異常、癲癇、方向感障礙、視覺及聽力障礙，逐漸喪失神經自主及運動能力。大多數的病患在出現神經症狀時也會同時伴隨腎上腺功能的障礙。 2. 腎上腺脊髓性神經病變型：漸進式腿部僵硬與無力，無法控制括約肌，並伴隨性功能障礙，約10-20%的病患會因腦部退化有認知及行為障礙。 3. 愛迪生氏病：腎上腺功能缺失，不明原因嘔吐及無力或昏迷。	骨髓移植是目前唯一的根治方式，但仍有排斥的風險。
先天性全身脂	患者全身肌肉肥厚，幼童時期出現生長速率增加、骨齡增加、食慾大增；皮膚色素明顯在頸部、腋下、腹股溝而造成黑色棘皮；手腳、下巴增大，有如末端肥大症的小孩；另外全身毛髮增生、肝脾腫大、心肌肥大等；糖尿病、女性陰蒂大、月經量少、多囊性卵巢的症狀，不容易懷孕。	以飲食控制為主，避免攝取過多食物，營養控制以使用低脂及高纖食物為原則，醣類來源盡量以不易消化之複合性醣類為主，脂肪來原則以長鏈及中鏈脂肪酸為主。
血小板無力症	血液無法正常凝結。	1. 藥物治療：針劑Amicar或口服劑Cyklokapron等，女性患者可口服避孕藥減輕經血過多的情況。 2. 輸打血小板：通常使用於患者嚴重出血時，為避免患者經常輸血小板所產的免疫問題，必須使用白血球濾過的血小板。

疾病名稱	症狀	治療方式
原發性肺動脈	容易倦怠、持續性氣喘或運動後呼吸困難的症狀，隨著病程進展，會逐漸出現心悸、周邊水腫、運動耐受力下降或運動時突然昏倒的情況，由於心肺負荷越來越重，病患導致肺高壓、呼吸困難、心肺衰竭，甚至死亡。	1. 內皮細胞接受體拮抗劑。 2. 血管擴張劑。 3. 鈣離子通道阻斷劑。 4. 低熱量、低鹽低鈉得清淡飲食。
萊倫氏症候群	生長遲緩。其他症狀有，骨齡延遲、馬鞍鼻、聲音音調高亢、男性生殖器較小、骨質疏鬆、肌肉發育不良、運動能力發展遲緩、肥胖、膽固醇上升。	使用人類基因重組的類胰島素生長因子-1。
半乳糖血症	黃疸。	不能食用有乳製品的食物，替代性豆奶。
進行性肌肉骨	全身肌肉會逐漸鈣化、發硬，最後會失去靈活運動的能力。	目前尚無有效的治療方法及藥物。
愛伯特氏症	顏顱發育不良症，其特徵為併指，其拇指及拇趾較寬大，手指的指節間湍關節也緊連，但掌一指關節則正常；寬頭、凸眼；鼻子較短小且額鼻交界處凹陷；臉部的凹陷使鼻喉空間減少，鼻呼吸道因而阻塞，導致患者常用口來呼吸，如此又加大口部附近的畸形。	顱顏手術。
狄喬治氏症	先天性心臟病與顎裂、低血鈣、胸腺發育缺陷的問題。	手術治療。

營養補給站

　　早期有很多小孩死亡，不知原因，隨著科技發達，疾病發現率提高，現今發現的罕見疾病有八十九種，小孩一出生就面臨不斷接受實驗，不論身心均受到很大的創傷，面對這些問題，婚前身心健康檢查及懷孕期的健康篩檢就很重要。

　　人體內有五到八萬個基因，藉著DNA（去氧核醣核酸）的基因複製，讓遺傳基因代代相傳。若基因有變異，就可能將缺陷的基因傳給子女造成遺傳疾病，父母基因正常亦會有子女罹病，此為遺傳基因突變。父母之一罹病，子女則有50%罹病的現象。因此，婚前健康篩檢是十分重要的。

分析討論

　　閱讀本章時應注意各種不同罕見疾病的起因、症狀、治療及預防，每位父母均抱著希望，希望子女罹患的疾病均可獲得醫療的補助，因此能提早預防則不會造成家庭與社會成本很大的付出。

延伸思考

　　每一位小孩均為父母的寶貝，當家中有幼兒發生罕見疾病時，應與罕見疾病基因會聯絡，越早接受治療，越能改善小孩的健康狀況，希望科技能協助人類打破迷失，讓小孩均能活得快樂。

第 ⑤ 章

幼稚園膳食管理

第一節　幼稚園中幼兒的營養需求

　　幼稚園的幼童大致三歲至六歲，三歲每天所需熱量約1300大卡，四歲約1400大卡，五歲1500大卡，六歲約1600大卡。幼兒的早餐與晚餐是由家中來提供，中餐及兩次點心則由園內提供。中餐宜占一天熱量的35%，二次點心（即早點、午點）宜占一天熱量的15-20%。因此，幼稚園內兒童熱量設計以占一天熱量50-55%，其中蛋白質占10-15%，脂肪占25-30%，醣類占50-60%。

　　現計算一百人幼稚園營養設計：

一、幼稚園幼童平均所需熱量

　　由於有大、中、小班幼童，為他們設計時，熱量需求由最大值與最小值求得平均值，每位幼童所需熱量占一天的50-55%。

　　（1300+1600）÷2×50% ＝ 725大卡

二、蛋白質所需克數

　　725大卡 × 15% ÷ 4 ＝ 27.2公克

三、脂肪所需克數

　　725大卡 × 30% ÷ 9 ＝ 24公克

四、醣類所需克數

　　725大卡 × 55% ÷ 4 ＝ 99.7公克

幼兒營養與餐點設計

五、食物分配

表5-1　六大營養素食物分配及計算

食物種類	份數	營養素			計算方法
		醣類（公克）	蛋白質（公克）	脂肪（公克）	
牛奶	0.5X	6	4	5	
蔬菜	1.5X	7.5	3	+	
水果	1X	15	+	+	
五穀根莖類	4.5X	(28.5) 67.5	(7) 9	(5) +	所需醣類減去牛奶、蔬菜、水果的醣類除以五穀根莖類一份的醣15＝五穀根莖所需的份數 （99.7-28.5）÷15＝4.5X
肉、魚、豆、蛋類	2X	(96) +	(16) 14	(5) 10	蛋白質量扣除牛奶、蔬菜、五穀根莖類的蛋白質除以7等於肉、魚、豆、蛋所需的份數 （27.2-16）÷7＝2X
油脂類	2小匙	(96) 0	(30) 0	(15) 10	總油脂量扣除牛奶及肉、魚、豆、蛋的脂肪除以5等於油脂的份數 （24-15）÷5＝2

六、一百人幼童所需的食物量

表5-2　一百人幼童的六大營養素需要量

食物種類（單位）	一位幼童所需量		一百位幼童需要量（公斤）
	份數	公克數	
牛奶	0.5X	17.5公克	1.75
蔬菜	1.5X	150公克	15
水果（以柳丁為例）	1X	100公克	10

| 食物種類 | 一位幼童所需量 | | 一百位幼童需要量 |
（單位）	份　　數	公克數	（公斤）
五穀根莖類 （以米為例）	4.5X	90公克	9
肉、魚、豆、蛋類	2X	肉30公克 蛋60公克	肉3 蛋6
油脂類	2小匙	油10公克	1

第二節　幼稚園問卷調查

　　幼稚園的膳食屬於團體膳食，由於小孩來自各種不同的家庭，他的飲食受到父母及親屬的影響，幼兒來到園裡應做飲食習性的調查，才可以提供符合其飲食需求的膳食。飲食問卷調查如下：

表5-3　幼兒飲食習慣調查問卷

親愛的家長您好：
本份問卷的目的在了解幼兒的飲食習慣，請您填答作為本園的參考，謝謝合作。
☐ 1. 您是幼兒的　(1)父親　(2)母親　(3)祖母　(4)保姆
☐ 2. 您的年齡　(1)30歲以下　(2)31-40歲　(3)41-50歲　(4)51歲以上
☐ 3. 教育程度　(1)國中畢業　(2)高中職　(3)大專　(4)研究所
☐ 4. 全家每月收入　(1)五萬元以下　(2)五萬－六萬　(3)六萬－八萬　(4)八萬以上
☐ 5. 家庭生活狀況　(1)夫妻與子女同住　(2)父或母與子女同住　(3)與祖父母同住　(4)其他
☐ 6. 宗教信仰　(1)天主教　(2)基督教　(3)佛教　(4)回教　(5)其他
☐ 7. 你家小孩最喜歡的食物　(1)肉類　(2)魚類　(3)豆類　(4)蛋類　(5)蔬菜　(6)水果　(7)五穀根莖　(8)奶類
☐ 8. 你家小孩最不喜歡的食物　(1)肉類　(2)魚類　(3)豆類　(4)蛋類　(5)蔬菜　(6)水果　(7)五穀根莖　(8)奶類

第三節 幼稚園菜單設計

幼稚園內的教學工作是十分繁重的，為了使園方及教師不用多花心思在小朋友的餐食上，應事先做好菜單設計的工作。有良好仔細的菜單設計，不但能夠提供小孩完整均衡營養的膳食，提高幼兒園的服務品質，亦簡化了教師的工作，讓孩子有更好的學習環境。

一、菜單設計者的條件

一位好的設計者應具備下列條件：

(一)豐富的資料來源

菜單設計的內容不能一成不變，故設計者應多閱讀充實，蒐集多方面資料，並將已做過的食譜建立檔案，才能設計出有創造性多變化的菜單。

(二)要了解童心

設計者應具有童心，在設計菜單時能以孩子的想法來設計，自己或成人喜歡的菜單並不一定適合孩子或小孩就會喜歡。

(三)要有配餐的基本概念

設計者要能運用營養知識於實際菜式搭配中；以專業的營養均衡為原則，勿以個人喜好為主。

(四)設計人要有質與量的概念

比方蛋的營養價值高，價格較便宜，可作為肉的代替品；不同年齡層的孩子對於食物量的要求並不相同。菜單設計者最好能夠配合園方課程及幼兒活動等情形來做設計，另外亦可由幼稚園小孩食物盤餘量來做食物量控制。

(五)隨時觀察小孩的特質

每位小孩來自不同的家庭背景，小孩的飲食狀況、居住社區、父母親的教育程度、收入等種種背景會影響小孩對食物的選擇。透過膳食調查可以了解孩子的口味及特質，才能逐漸改善飲食的質與量。

二、菜單設計的原則

幼稚園的菜單設計應把握下列原則：

(一)熱量分配及營養素的攝取

依據行政院衛生署所訂定的之幼兒每日營養需要量，幼兒在幼稚園時間內平均應攝取700-750大卡的熱量，其中三大營養素的分配應為：蛋白質10-15%，脂肪25-30%，醣類50-60%。餐食與點心之分配為：中餐約400-500大卡，點心二次合計約300大卡，一次應為150大卡。並應注意鈣、鐵、碘及維生素A、B_2的攝取。

(二)食物的製備及口味搭配

餐點設計上應避免辛辣，如：咖哩、辣豆瓣醬或太甜、太鹹、太油膩的食品，因為這些食物對孩子的胃腸並不好。另外，孩子在此階段，牙齒正在成長或有的已開始換牙，因此應注意菜式的韌度、硬度不宜太高；菜餚可做適度的勾芡，不宜每樣都勾芡，致使口味太相近；每樣食物都應要煮熟。

(三)考慮廚工的工作量

1. 可斟酌情況，每星期選擇二天做較簡單的菜色。
2. 正餐前的點心可以做簡單些。
3. 利用半成品或成品等速簡食品來供應，但採買時應注意成分說明及製造過程，最好直接到廠商製造所在地看其製造過程。另外，應要留意所使用成品在輸送、存放、分送過程中的衛生及安全。使用半成品或成品時，宜加熱後再供應。

(四)循環性菜單

所謂的「循環性菜單」，是指經過深思熟慮後，依造特定週期所擬定、計畫出的一套菜單，可供作為循環使用。為避免菜單太過單調，循環週期不能太短，同時循環的菜單最好不要很快又循環到一星期中的同一天。台灣四季有不同時期的蔬果，利用四個季節，設計四組菜單，每組可用三個月，每組菜單中所需設計的套數為：天數（一星期五天）×3±1，故一季約設計十四或十六套，便可使餐點多樣化。循環菜單的格式如表5-4。

表5-4　循環性菜單之擬定

星期 \ 週次	星期一	星期二	星期三	星期四	星期五
一	D1	D2	D3	D4	D5
二	D6	D7	D8	D9	D10
三	D11	D12	D13	D14	D15
四	D16	D1	D2	D3	D4

＊星期六做特別的菜單設計。
＊D1-D16表示各組不同的菜單組合。

三、菜單設計（食譜）

幼稚園餐食的供應一般為二次點心，及午餐，在菜單擬定時應要考慮到顏色的搭配是否適當，切割方式、組織、稠度、風味等是否為小朋友所接受。以下例舉範例：

表5-5　好的菜單設計

	菜　單		原因
範例一	白米飯　滷雞肉	炒三絲　燙綠花椰菜	顏色搭配佳　色香味俱全
範例二	白米飯　蒜泥白肉	豆芽炒韭菜　燙青菜	顏色搭配佳　色香味俱全

表5-6　不好的菜單設計

	菜　單		原因
範例一	白米飯　茭白筍炒肉絲	炒三絲	外形接近　視覺效果差
範例二	白米飯　炒豆干	滷海帶　滷肉飯	顏色搭配不佳　烹調方式不佳

表5-7 春季正餐菜單

主食	1	2	3	4	5
	米飯	茄汁米粉	米飯	肉末芋頭粥	米飯
配菜	軟炸里肌 碎肉豆腐 炒青江菜	素炒菠菜	千金雞 洋菇扒鴿蛋 素炒菠菜		木須肉 花生麵筋 綠豆芽炒韭菜
主食	6	7	8	9	10
	台式炒米條	米飯	甜麵炒醬	米飯	擔擔米粉
配菜		銀芽雞絲 大黃瓜炒魚丸 炸茄餅		炒旗魚條 茭白炒碎肉 炒青江菜	
主食	11	12	13	14	15
	米飯	芋香飯	米飯	義大利肉醬麵	米飯
配菜	菜心炒肉片蔥 燒油豆腐 花枝丸炒高麗菜		油豆腐釀肉 蜜汁甘藷 草菇青江		煨雞塊 炸芋泥 炒荷蘭豆
主食	16	17	18	19	20
	肉羹粥	米飯	炸醬米粉	米飯	咖哩雞肉飯
配菜		烤鱈魚 蘆筍炒胡蘿蔔 清燜南瓜		捲筒豬排 銀魚炒蛋 炒四季豆	
主食	21	22	23	24	25
	米飯	雞球麵	米飯	榨菜肉絲米粉	米飯
配菜	瓜子雞 芹菜炒花枝 豆鼓小魚乾		紅燒獅子頭 滷素雞片 炒空心菜		竹筍燜肉 高麗菜捲 蜜汁花豆

表5-8 春季正餐菜單

主食	26	27	28	29	30
	四色麵	米飯	肝片粥	米飯	米粉羹
配菜		麵腸炒肉片 魚香茄子 炒甘藍菜	炒豆莢	菠蘿鴉片 洋菇炒肉絲 芹菜炒豆干	

主食	31	32	33	34	35
	米飯	魚香肉絲飯	米飯	蹄花麵	米飯
配菜	海帶結燒肉 絲瓜豆腐 素炒四季豆		炸小雞腿 蒸蛋 炒青菜		醋溜丸子 芙蓉蛋 炒豌豆莢
主食	36	37	38	39	40
	肉燥飯	米飯	撥魚麵	米飯	雞粥
配菜	滷蛋 素炒波菜	粉蒸雞 炒四丁 燴大白菜		腐乳扣肉 翡翠三絲 炒菠菜	炒青江菜
主食	41	42	43	44	45
	米飯	米飯	什錦河粉	米飯	米粉湯
配菜	油皮捲 四色蝦仁 炒豌豆苗	鴛鴦蛋 玉米雞丁 炒豆莢		油蔥肉塊 全家福 炒菠菜	
主食	46	47	48	49	50
	米飯	狀元及第粥	米飯	大滷麵	米飯
配菜	炸腐皮捲 雙脆白片 炒小白菜		魚香肉絲 三鮮蛋豆腐 炒莧菜		鳳梨魚塊 爆三絲 炒空心菜

表5-9　夏季正餐菜單

主食	1	2	3	4	5
	米飯	五彩粥	肉羹燴飯	中式飯糰	米飯
配菜	肉鬆豆腐 甜不辣炒芹菜 炒青江菜			炒青江菜	茄汁魚（鯊魚） 蒸彩蛋 炒蘆筍
主食	6	7	8	9	10
	刀削麵	米飯	麻醬米粉	蛋包飯	素炒河粉

配菜		紅燒肉 小黃瓜炒魚丸 炸茄餅			
主食	11	12	13	14	15
	米飯	五彩拉麵	米飯	茄汁通心粉	肉羹麵
配菜	滷貢丸 絲瓜豆腐 炒花椰菜		紫菜肉捲 涼拌三絲 炒空心菜		
主食	16	17	18	19	20
	皮蛋瘦肉粥	米飯	切仔米粉	米飯	麵線羹
配菜		小黃瓜炒肉片 三色蛋 炒韭菜花		煎豬排 紅燒油麵筋 四色沙拉	
主食	21	22	23	24	25
	米飯	珍珠丸子餐	米飯	涼拌麵	米飯
配菜	沙拉雞絲 炒甜不辣 炒高麗菜		火腿蛋捲 炒三丁 炒莧菜		炒雙絲 肉片蒸蛋 小黃瓜炒貢丸

表5-10　夏季正餐菜單

主食	26	27	28	29	30
	蝦仁羹米粉	米飯	滑蛋牛肉粥	米飯	醬汁麵
配菜		紅燒排骨 番茄炒蛋 涼拌小黃瓜		糖醋肉排 蔥燒豆腐 炒小白菜	
主食	31	32	33	34	35
	米飯	錦繡炒飯	米飯	鮮肉米粉鬆	米飯
配菜	蔥油雞 炒四色 炒芹菜		醬瓜炒肉丁 開陽瓠瓜 炒菠菜		煎小肉片 魩仔魚炒蛋 草菇青江

主食	36	37	38	39	40
配菜	滷蛋 素炒菠菜	炒菠菜	涼拌肉絲 蛋捲 炒甘藍		麵包蝦球 紅燴牛肉 炒絲瓜
主食	41	42	43	44	45
	排骨麵	米飯	炸醬麵	米飯	三鮮炒米粉
配菜		腐皮香魚捲 梅菜扣肉 炒芹菜		芋頭鴨塊 四色沙拉 炒高麗菜	
主食	46	47	48	49	50
	米飯	芋頭稀飯	肉燥麵	米飯	什錦湯麵
配菜	醬爆雞丁 涼拌海帶絲 炒絲瓜			蝦仁炒蛋 黃瓜肉片 炒白菜	

表5-11　秋季正餐菜單

主食	1	2	3	4	5
	米飯	滷肉飯	米飯	雞絲蛋粥	台灣米糕
配菜	什錦蛋排 胡蘿蔔燒肉 炒甘藍	炒小白菜	紅燒排骨 毛豆蝦仁 炒茭白筍		
主食	6	7	8	9	10
	三絲炒麵	米飯	三鮮燴米條	米飯	什錦炒米粉
配菜		貢丸炒豌豆莢 韭菜炒肉絲 紅燒茄子		綠花椰菜炒肉片 五香豆腐 金菇白菜	
主食	11	12	13	14	15
	滑蛋肉丸粥	親子丼	大滷麵	米飯	香香飯

配菜				文昌雞 滑蛋蘿蔔乾 炒青江菜	
主食	16	17	18	19	20
	米飯	菜肉餛飩	米飯	蠔油米粉	米飯
配菜	玉米雞丁 紅燒麵筋 炒大黃瓜		蒜泥白肉 芙蓉炒蛋 炒菠菜		京都排骨 酸甜豆腐 炒空心菜
主食	21	22	23	24	25
	廣東粥	米飯	大滷麵	米飯	肉羹麵
配菜	炒豆莢	葡國雞 油皮捲 炒油菜		芝麻里肌 金針菇燴白菜 炒胡瓜	

表5-12 秋季正餐菜單

主食	26	27	28	29	30
	米飯	艇仔粥	米飯	素炒河粉	米飯
配菜	蔭瓜肉丸 香酥豆包 炒小白菜	炒菠菜	紅燒蹄花 皇帝豆炒絞肉 開陽白菜		鳳凰蛋捲 黃金球 涼扮干絲
主食	31	32	33	34	35
	生菜碎肉粥	米飯	什錦通心麵	米飯	肉絲米粉湯
配菜		紅燒筍塊洋菇 蒟蒻炒肉片 炒青江菜	炒四季豆	茄子雞 魚香烘蛋 炒油菜	
主食	36	37	38	39	40
	米飯	貓耳朵	米飯	五彩河粉	米飯
配菜	醬爆雞丁 日式蒸蛋 炒青江菜	炒小白菜	蔭汁魚 筍燜雞 炒菠菜		清蒸魚 肉絲炒豆干 炒油菜

主食	41	42	43	44	45
	草菇滑雞飯	米飯	香Q水餃	米飯	台式鹹粥
配菜		咕咾肉 韭菜炒貢丸 炒高麗菜		紅燒獅子頭 炸魚條 炒芹菜	
主食	46	47	48	49	50
	米飯	台式湯麵	米飯	芋頭海鮮粥	米飯
配菜	炸八塊 魚香肉絲 炒莧菜		油淋雞 紅燒茄子 炒青江菜		炸花枝條 蠶豆燒肉 炒小白菜

表5-13　冬季正餐菜單

主食	1	2	3	4	5
	米飯	台式湯麵	米飯	什錦燴麵	米飯
配菜	糖醋排骨 番茄炒蛋 炒青江菜		樟菜鴨 芹菜肉絲 炒萵苣菜		蔭瓜扣肉 醋溜豆皮 炒菠菜
主食	6	7	8	9	10
	義大利通心粉	米飯	什錦米粉	米飯	鮮肉水餃
配菜		釀肉油豆腐 蔥炒蛋 炒芥藍		香酥雞腿 洋蔥炒蛋 炒油菜	紫菜蛋花湯
主食	11	12	13	14	15
	米飯	肉絲炒麵	米飯	筍絲香菇米條	米飯
配菜	炸豬排 炒三寶 炒豆苗		咕咾雞球 螞蟻上樹 炒小黃瓜		火腿烘蛋 蔥煎豆腐 炒菠菜
主食	16	17	18	19	20
	烏龍麵	米飯	麵片湯	米飯	魷魚羹麵

配菜		五味醉豬排 炒三絲 洋菇豆莢		蜜汁雞塊 家常豆干 炒油菜	
主食	**21**	**22**	**23**	**24**	**25**
	米飯	肉燥米粉	米飯	焗通心粉	米飯
配菜	紅燒魚 三鮮燴豆腐丸 炒空心菜		虎皮飯 三鮮蛋豆腐 炒青江菜		清燉排骨 乾煸四季豆 炒菠菜

表5-14　冬季正餐菜單

主食	**26**	**27**	**28**	**29**	**30**
	滑蛋肉絲小米粥	米飯	馬都拉炒麵	米飯	三元及第粥
配菜	炒芥藍菜	四川酥肉 甜豆瓣豆腐 炒豌豆莢	玉米段 素炒菠菜	紅燒排骨 胡蘿蔔炒蛋 炒綠花椰菜	
主食	**31**	**32**	**33**	**34**	**35**
	米飯	廣州燴麵	米飯	豬肝麵線	米飯
配菜	軟炸魚條 三色蛋 滷海帶		五柳花枝 胡蘿蔔炒豌豆夾 炸香腸		煎帶魚 炒三寶 炒豆苗
主食	**36**	**37**	**38**	**39**	**40**
	麵疙瘩	米飯	特製切仔麵	米飯	芋頭米粉
配菜	梅干菜燒肉	回鍋肉 素什錦 糖醋豆包		三杯雞 豆苗蝦仁 紅燒茄子	炒青江菜
主食	**41**	**42**	**43**	**44**	**45**
	米飯	海鮮粥	家常燴飯	米飯	三色河粉
配菜	蒜苗香腸 什錦豆腐 炒豆莢		炒青江菜	當歸鴨 木須肉 炒菠菜	

主食	46	47	48	49	50
	米飯	紅燒牛肉麵	米飯	雞絲麵線	鹹味甘藷飯
配菜	毛豆雞丁 魚香肉絲 炒青江菜		京都排骨 煮玉米段 炒菠菜		炒青江菜

第四節　幼稚園食物選購與烹調

一、肉類的介紹

　　肉類包括家禽與家畜，它的蛋白質含有人體生長所必需的八種胺基酸，為完全蛋白質，是很好的蛋白質食物；它所含的脂肪為飽和脂肪酸，其內又含膽固醇對身體健康不利，可選用瘦肉給幼兒食用，它含的醣類十分少，因此肉類所給予我們的熱量大多來自於蛋白質與脂肪；礦物質以鈣、鐵、鈉、硫、鎂為多，其中顏色越紅的肉所含的鐵質越高；維生素則內臟含較高的維生素A，瘦肉則含較高的 B_1 與 B_2。

(一)零售肉的選購應注意事項

　　國內肉類零售市場分為現代化的超級市場、零售攤販及流動攤販，其中僅超級市場的肉品貯放於有溫度控制的冷藏庫或冷凍庫中，其餘均在室溫下，夏季溫度太高易導致肉類腐敗，因此零售肉的選購應注意下列事項：

1. 選購電宰肉

　　肉類屠宰分為人工屠宰與電動屠宰二種，人工屠宰簡陋，沒有冷藏及嚴格的檢驗設備，而電動屠宰則設備齊全，操作離開地面，有嚴格的獸醫作檢，品質有保障，市售電宰肉有優良肉品標誌掛於販賣處。

2. 早上九點以前買肉

　　由於肉體常於前一天晚上十點開始屠宰，清晨送達零售市場。為了享用到品質較新鮮的肉，最好在早上九點前買肉，下午則因零售攤位將肉放於室溫太久，肉常會有不好的怪味。

3. 選擇可靠的肉商

零售市場中肉商的身體健康情形、刀子、砧板、絞肉機的衛生條件，會影響肉的品質。

4. 選擇適當的部位來烹調

家畜類如豬肉、牛肉個部位均有適合的烹調方法，一般較嫩的部位用乾熱法，即不加水的烹調法即炒、煎、炸；較老的部位因筋多用濕熱法如煮、紅燒、燉等烹調法。

5. 選擇正常肉色的肉

肉類經切開後，短時間內肌紅蛋白與氧結合形成鮮紅色的氧化肌紅蛋白，若存放太久肉變成鐵肌紅蛋白變成紅褐色，表示肉已放很久不宜購買。

6. 選擇正常風味的肉

正常的肉類應不具有腐敗或脂肪酸敗味或異臭味。

7. 不買水樣肉

若肉濕濕的有水滴滴下表示為灌水的肉，煮熟後成品乾澀品質差。

8. 不買暗乾肉

若肉色太深表示屠宰前動物經過掙扎，烹煮後的成品乾澀味道差。

(二)肉類的製備

肉類經過烹調之後應有好的嫩度，幼兒會喜歡吃。要如何製備它呢？

1. 買絞肉或較年輕動物的肉，由於幼兒牙齒咀嚼力較差，因此可用絞肉，或飼養較短時間的家畜或家禽，使幼兒較易咀嚼。

2. 製作肉排時，應選用肉質較嫩的里肌肉，並用刀背稍拍打亦可加入少許嫩精，使肉質變嫩。

3.肉片、肉絲可外加裹衣，如太白粉、玉米粉，經炒、煎，因有裹衣可使得肉中汁液不會流失，而有好的嫩度。

(三)建議事項

肉中含有優品質的蛋白質、豐富鐵質，此時有下列幾點建議：

1.將肉類剁細包成水餃或做成肉丸。

2.改變烹調方式，大部分幼兒喜歡吃肉燥，即用油蔥酥將肉炒香，加醬油、糖、水煮成，於飯或湯麵上，亦可加醃料及太白粉，杰入湯中或燴汁內。

3.可用一些肉類加工品如香腸、肉鬆給幼兒食用。

4.肉類的蛋白質品質與魚類、蛋類、奶類相媲美，因此不吃肉類亦可吃魚、蛋、奶類來取代。

二、海鮮的介紹

台灣四面濱海，漁產豐富。以營養價值而言，海鮮類所含蛋白質十分優良，可與肉、蛋、奶類相媲美，其纖維較短、結締組織少，較易爲人體消化；脂肪量由0.1-22%，視海鮮種類而異。現代營養學家發現魚類所含的脂肪酸爲高密度的全脂蛋白，可將器官組中多餘的膽固醇送到肝臟，使膽固醇能排到體外，魚油又含有一種Eicosapentaenoic acid簡稱爲EPA的脂肪酸，可減緩血管中血液的凝固時間，具有預防心血管疾病的功效；醣類以含肝醣爲主，因此魚貝類食用時使人感道口味鮮美，就是含肝醣之緣故；維生素含量以B群及魚肝含A、D；礦物質以鐵、銅、碘、鈉、鈣、磷含量豐富，軟骨魚及帶骨可食用的魚類，爲良好鈣質來源。

(一)海鮮的種類

海鮮種類相當多，一般以下列方式加以分類：

1.魚類：指帶有鰭及骨類的海產，依捕獲地區又可分爲淡水魚與海水魚。

(1)淡水魚：指淡水所捕獲的魚類，如吳郭魚、鱸魚、草魚，在市場上常以活魚出售，食用時常帶有海藻味，易含寄生蟲，食用時應完全煮熟。

　　⑵海水魚：指遠洋捕獲之魚類，市場上常以冷藏或冷凍出售。由於近年來遠洋常受污染，所以海水魚有些易污染重金屬，如白帶魚、海鰻等。

　2.貝殼類：又分為貝類、甲殼類、頭足類。

　　⑴貝類：具有堅硬的外殼，如牡蠣、文蛤、蜆等。

　　⑵甲殼類：身軀具有肢節，如蝦、蟹類，由於含有酵素易將蛋白質分解，使身軀易腐敗，因此購買時鮮度十分重要。

　　⑶頭足類：指身軀分為頭部、胴部及足部三部分，一般如烏賊、花枝、鎖管（小管）等。

㈡選購海鮮時應注意事項

　　魚貝類由於捕獲後常未能將內臟速予去除，或未能速予以冷藏或冷凍，同時身上具有黏液，易助長細菌繁殖，很快腐敗，食用後易產生食物中毒，因此選購要訣十分重要。現將常選用的魚類、蝦類、貝類的選購注意事項列於下：

　1.魚類：新鮮魚眼球為凸出，魚腮呈淡紅色，肉質有彈性，內臟完整，腹部堅實，魚鱗緊緊依附在魚身上。

　2.蝦蟹類：新鮮的蝦蟹類肢節完整，尤以頭與身軀連接緊密不脫落，由於身上含酵素久放後易褐變，不肖商人常會撒入亞硫酸氫鈉來防止身軀變黑，但食後對身體不好，所以採買時若身上有滑滑感覺者最好不買。

　3.貝類：以買活貝才可食用，及外殼緊密，不黏手。若殼已打開者常為死貝，吃時會有惡臭味，不能入口。

㈢海鮮的製備

　　可選用魚刺較大者取其肉質，如吳郭魚、鱈魚、石斑魚、鯧魚，或無骨頭之魚和魩仔魚，蝦蟹烹調後取肉質就可。至於如花枝、章魚因組織較耐咀嚼，較不適宜幼兒食用。

有人曾說最會吃海鮮的採用清蒸方式，不會吃魚的則採用油炸、糖醋的方式，其原因在於海鮮以高溫短時，不加裹衣的烹調才可吃出其鮮美味道，如果加了麵糊或濃調味則無法分辨其新鮮度。在製作海鮮時可用水煮、清蒸、紅燒、煎、炸等方法，由於海鮮腥味較重，烹調時常須放蔥、薑，其實在新鮮未煮熟時，加少許白醋亦可去其腥臭味，有時可變化口味買罐頭魚類，如：鮪魚加沙拉醬，可用來夾入麵包做成三明治，幼兒亦滿喜歡的。

如果幼兒不吃海鮮，可用肉、蛋、奶類來取代，或做各種烹調變化，如：牡蠣可煮粥、做蚵仔煎、做湯，注意選用新鮮安全的海產類還是最重要的。

三、黃豆及其製品的介紹

黃豆又稱為大豆，其新鮮時因其外莢有毛，故又稱為毛豆，至成熟後種皮變成黃色，因此又稱為黃豆。

黃豆中的蛋白質含有八種人體所必需的胺基酸，為植物中蛋白質品質最好者，其脂肪含量高，以不飽和脂肪酸為主，不含膽固醇，為人類食用油的良好來源，所萃取的油脂即市售之沙拉油；黃豆所含的醣類含棉籽糖，吃入體內後易被分解為二氧化碳與甲烷，因此吃入黃豆易產生脹氣；礦物質以含量豐富的鈣、磷、鐵；維生素以B_1、B_2居多，此外生的黃豆含有一些有害於人體的物質，如：胰蛋白酶阻礙物（會阻礙體內胰蛋白酶的作用）、致甲狀腺腫因子、紅血球凝固素及皂素，但這些有害物質經100℃加熱20-30分鐘即可將它們破壞，因此黃豆最好不要生食。

在中國對黃豆的利用常以下列幾種方式出現：

(一)豆漿

黃豆加水浸泡後，再以果汁機拌打成豆漿，再經煮沸、過濾所製作成的。現今食品加工業十分發達，已將豆漿用噴霧乾燥法製成豆粉，使用十分方便，僅沖泡熱水即可。如果家中母親自己做豆漿，則煮豆漿時最好煮30分鐘。煮時因皂素會有泡沫產生，因此須以小火不停攪拌，才可將一些有害的成分破壞。

㈡豆腐

黃豆做成豆漿後，加入熟石膏粉，豆奶則會凝固，將凝固物放入包有紗布的模型中包好，即成豆腐。市售豆腐有軟、硬之分，即依照加石膏粉的量來區分。對幼兒而言以嫩豆腐為佳，幼兒的菜單中最好不要將含有草酸的食物與豆腐一起烹調，如菠菜與豆腐，因易生成草酸鈣，會有結石現象產生。

㈢豆皮

在煮豆漿時，因液體中水分蒸發，造成黃豆蛋白質分子聚合，產生皮膜，將此皮膜乾燥即可成豆皮。因此豆皮含高蛋白質，可用來包各種內餡。

㈣人造肉

將黃豆粉加酸沉澱製成纖維狀的蛋白絲，再經調味做各種不同的口味，市售的人造肉有牛肉口味、豬肉口味，一般吃素可分為下列四種：

1.純素：不吃所有動物性食物，包括蛋類、奶類。

2.奶素：除牛奶外，所有動物性食物均不吃。

3.蛋奶素：除蛋、牛奶外，所有動物性食物均不吃。

4.食果素：僅吃水果、核桃，其餘食物均不吃。

吃素者，如果以黃豆為主要的食物來源，其營養素來源蛋白質是不至於缺乏，但最好以奶素或蛋奶素為佳，以提供豆類蛋白質的品質，其中食果素者易造成蛋白質、維生素B_{12}缺乏，有時須藉由打針予以補充。

幼兒不吃豆腐時，可用營養價值較好的牛奶來取代，或於豆漿中加蛋以提高營養價值；選用嫩豆腐做各式烹調，如：紅燒、燴、煎、炸；將豆腐與肉、蛋、蔬菜配合作各種菜單變化。

四、蛋類的介紹

蛋有雞蛋、鴨蛋、鵝蛋，其中以雞蛋較沒有強的風味，且價錢較便宜，常為餐桌上的菜餚。蛋類含有很高品質的蛋白質，同時含有豐富的礦物質，如：硫、鈉、鐵及維生素B_1、B_2。

選購蛋時，以新鮮的為佳，依品質判斷為新鮮蛋，其外殼較粗糙、乾淨沒有破損。但因市面上賣洗選蛋，已經將蛋用清潔液洗過再噴上礦物油，因此此種判斷較不準確。有時可將蛋拿起，在燈光照射下看氣室大小，若氣室小表示蛋較新鮮；或將蛋稍搖，若有聲音表示蛋液已水化，品質已變差；若將蛋殼去除，將蛋放平盤，越新鮮的蛋擴散面積越小，蛋白越濃稠，蛋黃鼓起，蛋白膜不會破裂。

蛋必須煮熟了才食用，因為吃未熟的蛋，其蛋白含有抗生物朊，會與生物素結合，阻礙生物素被身體吸收。人吃生蛋白會造成食慾減退、皮膚炎等現象。須以80℃加熱五分鐘，才可將抗生素朊破壞。

蛋在食物製備中常用來使食物材料黏合在一起，或塗抹於烘烤成品外，使成品顏色呈金黃色；蛋白、全蛋打發可做蛋糕；蛋黃中的卵磷脂可使油、水混成均勻的平面作為乳化劑；打勻的蛋加入熱湯中，待蛋液凝固時將蛋塊過濾，使湯保持澄清。蛋在不同成品製備時仍須注意下列事項：

(一)蛋類製備時須注意事項

1.製備硬煮蛋時

應避免形成暗綠色的硫化鐵，此時烹調時宜將蛋洗淨放入冷水，以大火煮滾後計時，宜水滾後煮10-12分鐘即熄火，煮時水中加入少許白醋及鹽可協助凝固，煮好後立刻沖冷水，可避免形成不好風味及暗綠顏色的硫化鐵。

2.蒸蛋時

應避免形成大的孔洞及不好的顏色。蛋去殼後將蛋液打勻但不宜打發，依一個蛋可加入3/4杯溫水（約40℃），蒸籠水滾後，將裝好蛋液的容器放入，以小火蒸15-20分鐘，避免蒸的時間太長。

3. 做蛋糕時

避免拌打過久，蛋白以21℃最適合，全蛋、蛋黃則以43℃最適宜拌打，因此可隔水加熱。拌打時鹽、油、糖會阻礙泡沫形成，在泡沫形成後再加入。酸如檸檬汁、塔塔粉可協助泡沫形成，可於拌打時加入。

4. 做沙拉醬時

應避免油水分離。宜選用新鮮蛋黃，剛開始慢慢加入一小滴無味的沙拉油，至呈乳糜狀時，再加較多量的油，油呈飽和時，再加少許白醋或檸檬汁。如果成品打至油水分離，可以用一個新鮮蛋黃當基本材料，慢慢加入油，使成乳化狀後，再將失敗的材料當成油慢慢加入拌勻。一般一個蛋黃可容許3/4杯油加入打成沙拉醬。

(二)建議事項

一般幼兒喜歡吃蛋及蛋類食品，若幼兒不吃時可參考下列方法：

1. 嘗試變化菜單：如蒸蛋中，可加入牛奶、糖做成甜食，或加入雞肉、香菇作為鹹食。

2. 成品不要太乾澀：一般幼兒不喜歡吃蛋黃，而吃蛋白，全蛋加水打勻做成蒸蛋。

3. 將蛋與米飯、蔬菜、肉類混合做成各式餐食：如做成蛋包飯、蛋炒飯，或加入沙拉中。

4. 對蛋過敏：則將蛋少量給食，或以肉、魚來取代蛋類。

五、奶類的介紹

奶類指哺乳類動物所產生的乳汁，一般我們最常飲用的為牛奶、羊奶，它含有很高品質的蛋白質，豐富的脂肪、醣類、礦物質（如鈣、磷、鐵）、維生素（如A、B_2），為優良的食品。

有些幼兒飲用牛奶後會有腹漲、腹瀉現象，那是因為在其體內缺乏乳糖分解酵素，或因乳糖分解酵素的活性低，無法將乳糖分解為葡萄糖與半乳糖。乳糖無法被消化，直達小腸下部，造成腹瀉。要解決此問題則給予小量較稀的牛奶或喝優酪乳，待其適應後再增加牛奶的質和量。情況嚴重不能適應時，則以其他蛋白質品質相近的肉、魚、蛋類來取代。

(一)市售奶類及其製品種類

市售奶類及其製品種類很多，現將較常使用者介紹於下：

1. 鮮奶：由乳牛產出的牛奶經檢查、殺菌、包裝後的成品，一般包裝上貼有中央標準局審核的鮮奶標誌。其標誌為一頭白底黑色花紋的乳牛圖案，加上紅色「純」字及黑色台灣省農林廳等字樣。分為全脂、低脂與脫脂三類。

2. 調味奶：由鮮奶加入不同調味的牛奶，其營養價值只有鮮奶的一半。

3. 蒸發奶：將鮮奶加熱去除60%的水分，使用時加入等量的水則與鮮奶一樣。

4. 奶粉：將鮮奶經乾燥而成，使其保存期限增長。

5. 煉乳：牛奶中加入16%的砂糖，再濃縮為原來體積的30-40%，一般做夏季冰點時所用。

6. 發酵乳：將牛奶加入不同菌種，使乳糖分解為乳酸，具有不同酸味。

7. 奶油：將牛奶靜置或離心，分離出來的脂肪。

8. 乾酪：牛奶中加入凝乳及菌種，使形成凝塊，一般1杯牛奶經凝固後，只能形成1/10杯乾酪，因此它為營養濃縮的乳製品。

9. 鮮奶油：牛奶經攪動後，上層含脂肪35-38%的濃厚牛奶，一般作為蛋糕裝飾之用。

(二)拌打牛奶時應注意事項

牛奶亦具有起泡力，以乳脂肪含35-38%的鮮奶油起泡力最好，但拌打時應注意下列事項：

1. 材料選用：選擇乳脂肪含量35-38%的牛奶，並先在2-4℃的冷藏庫予以冷藏。
2. 用具選用：以圓形底面積小的不鏽鋼或塑膠盒，不宜用鋁製器皿。
3. 拌打方式：將鮮奶油放於不鏽鋼或塑膠容器中，容器下墊冰塊，用單軸拌打器打至起泡，加入鮮奶油用量15%的細砂糖打至挺硬，再抹於冷卻的蛋糕或西點上。

六、米食的介紹

台灣為亞熱帶氣候，適合稻米成長，同時因米類儲存容易、價格低廉，亞洲國家以它為主食，它大約提供了亞洲人民每人每日熱量50-60%。

米含少量蛋白質，由於其蛋白質缺乏離胺酸，因此米的蛋白質品質並不是很好，須由肉、魚、蛋、奶類的蛋白質來補充其不足；脂肪含量不多，大部分存於胚芽中，在碾米過程大多被碾除了；最豐富的就是醣類占約75%；礦物質方面含磷；維生素以B群最豐富，但於碾米、洗米、烹調過程中，損失量相當多。

米依碾米加光程度可分為糙米、胚芽米、精白米。將收割後的稻米，經過乾燥除去殼之芒、毛，剩下含有果皮、種皮、糊粉層、胚乳、胚芽的稱為糙米，它含有豐富的蛋白質、醣類、脂肪、纖維素、維生素B群；若將糙米所含的果皮、種皮、糊粉層除去，僅保留胚乳及胚芽之米稱為胚芽米。因糙米及胚芽米含有胚芽，其中含較高成分的脂肪，儲存期間如果較長，易造成油脂酸敗，米易腐壞。一般我們為了求口感較好，常吃精白米，在加工過程果皮、種皮、糊粉層、胚芽碾除，只剩胚乳，因此大多營養素均已碾除，只剩少量蛋白質、微量脂肪及豐富的醣類，現今營養專家常呼籲人們要多吃含纖維素的食物，以預防腸癌。因此，若日常生活食用糙米、胚芽米，對身體健康是有益的。

米依特性之不同又可分爲再來米、蓬萊米及糯米。再來米由於含直鏈澱粉較高，因此煮後黏性較低，組織較鬆散，適合炒飯、做蘿蔔糕、碗粿；蓬萊米所含直鏈澱粉較高，可製備出須黏性適中的食品，如粥、米乳、米飯等；糯米因含直鏈澱粉最多，黏性最大，不易老化，可做黏性較大的食品，如麻糬、油飯、年糕。

米的種類很多，在日常生活中應如何選擇呢？選購米時應依烹調用途來選擇適當的米種，如做黏性較大的年糕宜選糯米，製作較爽口的碗粿宜選用再來米；米粒大小均勻、飽滿，沒有大小石頭或其他雜質，不能有發黴的現象。

儲存米宜放於陰涼乾燥的地方，若食用糙米及胚芽米一次不要買太多，以防止因儲存期限太長油脂酸敗；米不宜貯放放冰箱，因冰箱內濕度太高易有青黴菌生長而發霉，發霉的米不宜食用，應丟棄以防止食入青黴菌造成肝癌。

(一)米飯烹調時應注意事項

米飯烹調時要注意哪些事項，才能製出好的成品呢？

1. 煮飯前將米粒輕搓洗後，加水浸泡15分鐘，使米粒充分吸水。
2. 煮飯水中加少許沙拉油，可使煮好的米飯有光澤且不會黏在一起。
3. 每一種米吸水率不同，如再來米1杯米約需11/4杯水，蓬萊米1杯米1杯水，糯米則1杯米需2/3杯水。
4. 煮好米飯，須燜10分鐘後才可掀蓋，若速掀蓋易造成米心不熟。
5. 盛飯時宜用飯匙將米粒弄鬆，不宜用鏟子將米粒鏟碎。

七、麵食的介紹

(一)小麥

中國領土幅員廣大，北方天氣寒冷適合小麥生長，因此製作出各式精美麵點。

小麥依其硬度及播種季節不同可分類如下：

1.杜蘭麥：蛋白質含量占16%以上，硬度最大，適合做通心麵。

2.硬紅春麥：又稱為高筋紅麥，蛋白質含量占13-16%，筋性最強。

3.硬紅冬麥：蛋白質含量占10.5-13.5%，常用來做中筋麵粉。

4.軟紅冬麥：蛋白質占10.5%，麥粒小，亦做中筋麵粉之用。

5.白麥：蛋白質含量較低，適合做低筋麵粉。

(二)麵粉

小麥經精選、水洗後以機器磨成粉，就是我們日常生活所常用的麵粉。麵粉含豐富的蛋白質，但因蛋白質中缺乏離胺酸，為不完全蛋白質，可在麵粉中加入奶粉，提高營養價值；麵粉中的醣類含量十分豐富可提供不少熱量；其內脂肪主要含在胚芽中，由於脂肪易使麵粉酸敗，因此在製粉過程中將胚芽碾除，在精製麵粉中不含脂肪；礦物質則有鈣、磷、鐵、鉀、鈉；維生素則含有維生素A。

1.特高筋麵粉：蛋白質占13.5%以上，常用來製作筋度較高的麵食，如春捲皮、油條。

2.高筋麵粉：蛋白質占11.5%，一般做吐司麵包。

3.中筋麵粉：蛋白質占8.5-11%，筋性適中，適合做一般中式麵食，如水餃、餛飩等。

4.低筋麵粉：蛋白質含量占8.5%以下，適合做筋性很小的蛋糕或小西餅。

(三)麵筋

當麵粉加水揉成麵糰時，其中所含的蛋白質與水分子結合，形成網狀薄膜，這就是麵筋。所以在麵食製作時，揉好的麵糰放置10-15分鐘，其原因就是讓麵粉與水分子充分地融合，以利於麵筋形成，使麵食具有咀嚼感。但一般西點，如蛋糕、小西餅，則不希望有麵筋形成，因此僅將麵粉與液體材料拌勻，不能攪拌過頭。

(四)中式麵食製作

中式麵食製作時，依所用的材料可分為下列幾種：

1. 麵糊類：將麵粉加液體材料（水、蛋或牛奶）調成糊狀者，如做蛋糕、春捲皮。

2. 冷水麵：麵粉加冷水揉成糰狀，一般1杯麵粉加入1/4杯開水和成麵糰，適合做水煮的產品，可做水餃皮、貓耳朵等。

3. 燙水麵：麵粉先以一部分熱水燙熟，再加少許冷水和成麵糰，適合做蒸、烙、煎的成品，如鍋貼、煎餃、燒賣。

4. 油酥麵：其製作分為兩部分的麵糰，一部分為麵粉與油脂和成油麵，另一部分為麵粉加水和成水麵，將水麵包入油麵擀成片再捲起，就成具層次的麵食，如綠豆椪、咖哩餃之製作。

5. 發麵類：麵粉、水、酵母、糖、油和成麵糰，因有酵母存在，產生大量氣體包裹於麵筋內，使麵糰體積膨大，成品如包子、麵包。

八、三明治的介紹

在十八世紀時，英國有一位伯爵三明治四世，十分愛好玩橋牌，一玩起橋牌就忘了吃飯，於是僕人就將麵包及菜餚切好放在盤中，讓他可隨手取食，不必用刀叉，後來人們就將它命名為三明治。

(一)三明治的種類

三明治種類很多，並不僅指吐司麵包中間夾餡，一般可分為下列幾種：

1. 宴客用小三明治：將麵包以模型或鋸齒刀切成小片，配上各種不同的裝飾，再插上各種小牙籤，為茶會或雞尾酒會用。

2. 無蓋三明治：將麵包放盤中，再將肉餅、火腿、蛋、豬排等材料放於上，淋上濃醬汁，此種三明治常須用刀叉來吃。

3. 俱樂部三明治：將較大份量的麵包夾入內餡，內餡一般以肉類、生菜、蛋、火腿、乾酪為材料，此種三明治大多用於正餐時。

4. 包裝好三明治：即將麵包夾入較乾性的材料，再外包塑膠袋，外有包裝日期、使用期限。

5. 煎的三明治：將麵包部分外裹蛋液、牛奶等材料，於鍋中煎好，再包入餡。

(二)注意事項

1. 麵包部分

三明治麵包部分，可選用市售各式西式與中式麵包如吐司、圓麵包、長麵包、法國麵包、全麥麵包、餐包、小餅乾、刈包、饅頭、銀絲捲等均可以用來做材料。在麵包使用上應注意下列幾點：

(1)選擇新鮮的麵包，如果放隔夜已硬的麵包可將它烤過、煎過或沾蛋液、牛奶煎熟。

(2)切掉麵包四周硬皮，最好用鋸齒刀。

(3)麵包很容易吸收別的食物的味道，因此放冰箱時一定要予以密封，不要和洋蔥、青椒等放一起。

(4)麵包不夠新鮮時，不用來做捲形三明治，以免皮龜裂。

(5)吐司麵包有各種不同切割方法與排盤。

2. 內餡部分

三明治的口味可由內餡加以變化，一般可做成甜口味，如抹入果醬、蜂蜜、水果丁；亦可加入鹹口味的肉片、香腸、熱狗、蛋。

餡的製作要注意下列事項：

(1)夾餡時麵包上先抹奶油或沙拉醬，以防內餡汁液浸濕了麵包。

(2)內餡應已去除不可食的部分，如骨頭、硬邊等。

(3)內餡選用時，可將肉類、蔬菜或水果平均選用，以達均衡營養。

(4)內餡放入麵包中，再淋上沙拉醬或番茄醬並速供應，以免內餡浸泡醬汁太久而出水。

九、蔬果的介紹

台灣地處亞熱帶，四季中蔬果種類很多，產量很豐富。蔬果含很高的纖維素、礦物質及維生素，並具有各種不同的色彩，琳瑯滿目，十分受到人們歡迎。現就其種類、構造、營養素含量、烹調時色、香、味的保留與改變加以敘述。

(一)蔬果的分類

蔬菜的種類很多，現依其食用的部分加以分類，大致可分為：

1. 根類

根是植物體最下面的部分，植物靠著它吸取土壤中的水分和無機物質，供給植物生長發芽。有些植物在寒冷季節來臨時，將養分儲存於根部，此時根部變得很肥大，至春天時再度萌發成枝葉茂密的植物。屬於根部的蔬菜有胡蘿蔔、白蘿蔔、甘藷等。

2. 莖類

植物的莖是一條運輸管道，除了正常的莖外，有些植物因適合特殊功能而變形，又可分為下列數種：

(1)一般正常的莖：如蘆筍、茭白筍。

(2)塊莖：短期而膨大的塊狀地下莖，外表有許多凹陷的芽眼，用芽眼可栽培出幼苗，如馬鈴薯。

(3)嫩莖：未長出地面或剛長出地面不久的嫩莖，如竹筍就是竹子未長出來的嫩莖，蘆筍亦屬之。

(4)根莖：有節的根莖如藕，其根莖長於地下，莖上有節，節上可分出側芽，側芽長出泥土成為地上莖。

(5)鱗莖：長成球狀，受鱗片狀的葉來保護，如大蒜、洋蔥，洋蔥為一種扁圓形，上面有多數鱗葉的地下莖，鱗葉的頂端可發育成地下莖，側芽則生成新的鱗葉。

(6)球莖：短且膨大，肥厚似球，球莖內貯藏大量養分，可用來繁殖出新的植物，如荸薺、芋頭、球莖甘藍等。

3. 葉菜類

葉是只生長在莖上成綠色扁平狀，除了行呼吸作用之外，尚可利用葉綠素行光合作用，製造成供應植物所需的醣類，又可分為下列幾種：

(1)散葉菜類：葉片長開狀，一般連葉柄一起吃，如菠菜、空心菜、青江菜等。

(2)結球菜類：葉片以中央重疊包裹成球形，如包心菜。

(3)嫩葉菜類：只吃嫩葉的菜，如豆苗。

4. 花菜類

花是植物用來繁殖延生命的，因此由它繽紛的色彩與香氣可吸引昆蟲傳播花粉。日常食用的花菜類如金針花、花椰菜、韭菜花。

5. 瓜果類

瓜果類是花的延續，為子房經過受精後會受到生長激素的刺激而生長，成熟的子房即稱為果實。植物的果實供人類食用者如番茄、甜椒、瓠瓜、冬瓜、南瓜等，其特色為屬於漿果、果肉疏鬆、多汁且具有種子，一般瓜類植物亦屬之。植物中除了少數果實較沉重的如冬瓜、南瓜外，大多在棚上生產，讓果實懸在空中，可避免地上的細菌及蟲害。

6. 種子類

花經受精後，子房發育成果實，子房內的胚珠發育成種子，一般的豆類蔬菜即屬之。日常可食用的豆類蔬菜如豌豆、四季豆、毛豆、花生等。

7. 其他類

如海菜類、菇蕈類。海菜類生長於水中或潮濕處，組織沒有複性的根、莖、葉器官之分，但本身含有葉綠素，能行光合作用製造養分。平常食用以紅藻為主，如紫菜、海帶則屬褐藻；菇蕈類屬真菌，它缺乏葉綠素，必須依賴生物體為主。如果依賴的生物體是活的稱為寄生，依賴的生物體是死的稱為腐生。大部分菇蕈類由腐敗樹來取得營養，現常吃的菇蕈如洋菇、草菇、鮑魚菇、金針菇、木耳等。

至於水果的種類亦不勝枚舉，普通分為下列四類：

(1)漿果類：如葡萄、草莓、香蕉、鳳梨等。

(2)仁果類：如蘋果、梨、柿、枇杷。

(3)核果類：如桃、梅、杏、李、櫻桃等

(4)堅果類：如栗、胡桃等

(二)蔬果的營養價值

蔬果所含的營養大致如下：

1. 水分：蘋果所含的水分很高，約占70-90%。水分含量依種類、根部吸水情況、蒸散情況而有不同，一般瓜果類約占90%，堅果類約占10-20%。水分不足時會使得蔬果組織呈現萎縮狀。

2. 蛋白質：除豆類外，蔬果蛋白質的含量十分低，約占1-3%，且屬不完全蛋白質。

3. 脂肪：蔬果所含脂肪非常少，大多僅占0.1-1%，但亦有例外，如鱷梨、橄欖中脂肪約占30-75%。

4. 醣類：蘋果含有3-32%的醣類，尤以水果所含醣類相當高。醣類以單醣（葡萄糖）、多醣（澱粉、半纖維素、纖維素）、果膠存於植物體。

5. 礦物質：蔬菜中的礦物質則以鈣、磷、鈉、鉀、鎂為主，水果則以鈣、鉀、鐵為主，尤以乾果類所含的鈣、鐵更為豐富。現列於表5-15。

表5-15　礦物質含量豐富的蔬果

礦物質	含量豐富的蔬果（依含量多至少排列）
鈣	蔬菜類：鹹菜乾、金針、九層塔、莧菜、高麗菜乾、白莧菜、芥藍菜、枸杞、木耳。 水果類：橄欖、柚皮糖、木瓜糖、紅棗、黑棗、葡萄乾。
磷	蔬菜類：蔭瓜、木耳、金針、香菇、毛豆、皇帝豆、鮮蠶豆、鹹菜乾。水果類：黑棗、葡萄乾、龍眼乾、柿乾、釋迦、紅棗、龍眼、桃子。
鐵	蔬菜類：芥藍、蒜花、高麗菜乾、金針、鹹菜乾、木耳、香菇、莧菜、筍、香菜、九層塔。 水果類：黑棗、蜜餞、葡萄乾、紅棗。

6. 維生素：蔬果所含的維生素相當豐富，現依序列於表5-16。

表5-16　維生素含量豐富的蔬果

維生素	含量豐富的蔬果（依含量多至少排列）
A	蔬菜類：胡蘿蔔、菠菜、茼蒿、油菜、金針、番薯葉、枸杞、青江菜。 水果類：柿乾、芒果、紅柿、木瓜、椪柑、桶柑、楊桃。
B₁	蔬菜類：毛豆、香菇、枸杞、皇帝豆、鮮蠶豆。 水果類：黑棗、紅棗、荔枝、釋迦、椪柑、鳳梨。
B₂	蔬菜類：香菇、金針、九層塔、鹹菜乾、高麗菜乾、松茸、木耳。 水果類：紅棗、黑棗、龍眼乾、桃子、釋迦、橄欖、李子、龍眼。
菸鹼酸	蔬菜類：香菇、木耳、松茸、敏豆、鮮蠶豆。 水果類：鹹橄欖、木瓜、番石榴、香蕉、芒果。
C	蔬菜類：芥菜、金針花、芥藍菜、青辣椒、花菜、九層塔。 水果類：油柑、番石榴、白文旦、龍眼、紅文旦、木瓜、椪柑、荔枝。

(三)蔬果製備應注意的事項

蔬菜在製備過程中，西式烹調以生食為主，但中式製備常須經過烹調過程，而水果則以生食為佳。現就以在蔬果製備過程中農藥去除、營養、顏色、風味、組織之變化加以探討。

1.農藥之去除

蔬菜中農藥含量甚高，其中以散葉菜（如韭菜、小白菜、菠菜等葉狀蔬菜）含量最多，其次依序為結球葉菜（如包心菜、芥菜等）、豆莢類（四季豆、菜豆、豌豆）、果菜類（番茄、青椒等）、根莖類（馬鈴薯、胡蘿蔔、蘿蔔），含量最少為瓜菜類（胡瓜、小黃瓜、絲瓜）。要排除蔬果中附著的農藥，可用下列方法：

(1)刷除法：刷去表面附著的農藥，尤以像苦瓜具凹凸表面宜用軟毛刷洗之。

(2)刮除法：將表皮削去不用或切掉最易積存的部分。

(3)清洗法：用流水式的水加以沖洗，切忌用水浸泡。清洗時像青椒其凹處常殘留農藥，應將蒂部切除再以大量水洗，包葉菜應一葉葉剝下來再以水沖洗。

(4)殺菁法：蔬果以85-100℃熱水加熱數分鐘後，速入冷水中，其目的可抑制酵素使它成不活性，同時可除去蔬果上部分的農藥，但會造成水溶性維生素少部分流失於水中。所以，冷凍蔬果較剛上市的蔬果所含農藥少，因它經過殺菁處理。

同時為了減少農藥殘留，在蔬果採收儲存時應注意下列事項：

(1)農夫將蔬果噴上濃藥後，不應立刻採收，因農藥會因日光照射後，經紫外線分解其化學結構，而水可將蔬果表面的農藥沖至泥土中，風可加速蔬果表面農藥的揮發，氧可和農藥結合，將農藥分解。

(2)蔬果買回來後可放室溫陰涼處1-2天，農藥會被植物酵素分解而減少其量。由於冷藏與冷凍會慢減植物酵素的作用，因此要減少農藥量以儲存室溫較好，但若冷凍前予以殺菁亦為減少農藥含量的一種好方法。

2.營養素的保留

蔬果中營養素的保留可採用下列方法：

(1)選用合季節性的蔬果，較新鮮，營養素含量較高。

(2)蔬果須削皮時，外皮盡可能削薄些，因越靠近外皮者營養素含量較高。

(3)若須經切割時，盡可能近烹調時間再切，同時不要切得太碎。

(4)先洗後切，此為做團體膳食之一大困擾，但為避免營養速流失，蔬菜先去除不可食部，以流水式沖洗後，再行切割。

(5)烹調時盡量少加水，因水溶性或脂溶性維生素常流失於湯汁中。若要保留較多維生素，可用勾芡的方法加少量湯汁成稠糊狀，營養素易為人一起隨葉菜吃入。

(6)烹調時不加鹼，綠葉菜在鹼中顏色更好，因此有人在烹調綠葉菜時加小蘇打。但鹼破壞營養素，因此最好不要添加。

⑺水果盡可能生食，最好在供應前再行切割。若做果汁亦最好在飲用前才著手製作，以免使維生素C受到破壞。

3.顏色的保留

蔬菜中含有各種不同的色素，其受酸、鹼、熱作用有不同反應，如表5-17。

表5-17　蔬菜在酸、鹼、熱顏色改變情形

色素	顏色	水	酸	鹼	熱
葉綠素	綠色	稍溶於水	變橄欖色	強化	變橄欖色
胡蘿蔔素	黃色	不溶於水	不太受影響	不太受影響	不太受影響
葉黃素	黃色	不溶於水	不太受影響	不太受影響	不太受影響
番茄紅	橙紅色	不溶於水	不太受影響	不太受影響	不太受影響
花青素	紅色、紫色	溶於水	強化變更好	變藍	不太受影響
二氧嘌基	白色	溶於水	變白	變黃	不太受影響

因此，含不同色素蔬果在烹調時應注意下列事項：

⑴綠色蔬菜

如菠菜、青江菜、空心菜、綠色花椰菜等，綠色是因含有葉綠素，葉綠素微溶於水，當加熱時，細胞組織破壞而釋出之酸使蔬菜變成橄欖綠，若加入鹼以中和酸，可防止變化，而使蔬菜保持翠綠或顯得綠。所以，綠色蔬菜在烹調時常加入少許蘇打粉，但這種處理破壞大量維生素，且使蔬菜組織軟爛，並不理想，可以殺菁的方法來處理較好。

⑵黃色蔬菜

如胡蘿蔔、南瓜、甘藷、玉米、番茄，黃色蔬菜含類胡蘿蔔素（Carotenoids），人體中可轉變成維生素A，所以又稱爲維生素A的先驅物。類胡蘿蔔素與葉綠素同在，其比例爲1:3，所以深綠色蔬菜亦是胡蘿蔔素之來源。大部分的類胡蘿蔔素是黃色，除了番茄紅是紅色的，如紅番茄、紅蘿蔔、紅番薯均含有類胡蘿蔔

素，此類蔬菜不太受酸、鹼、熱之影響，在烹調中常能保持其顯明之紅色或黃色，因此在團體膳食製備中應多採用。

⑶紅色蔬菜

如甜菜頭、紅高麗菜（紫色包心菜），紅色的蔬菜及紫色或藍色蔬菜，含有花青素。花青素可溶於水，不受熱影響，但對酸很敏感，在酸性溶液中變得很鮮紅，而在微鹼性溶液中變得很混濁或帶青色。所以，此類蔬菜在烹調時宜加入少許酸或其他酸性食物。

⑷白色蔬菜

如洋蔥、高麗菜、白色花椰菜、大白菜、馬鈴薯、蓮藕、洋菇。白色蔬菜含二氧嘌基，其化學性與花青素相近，此白色色素在酸中變白，在鹼中變黃，故烹調時亦可加入少許酸，使色澤更好。在水果方面常會因切割產生酵素性褐變，因此應於切割後浸泡鹽水、糖或添加抗氧化劑（維生素C）。

4.風味方面

蔬菜中如高麗菜、洋蔥含有強烈風味。高麗菜烹調時間越久產生硫化氫（H_2S）越多，應以高溫短時烹調為佳；洋蔥煮得越久二氧化硫（SO_2）流散越多，所以長時烹調為佳。

5.組織方面

澱粉質高的蔬菜必須吸收足夠的水分，進行糊化作用，使成品柔軟。葉狀蔬菜以快炒、烹調時間短為佳，保持脆的質地。
製備沙拉時，要求脆質感的蔬菜，因此選用新鮮脆質蔬菜洗淨後，經切割成約一口大小，食用前再淋上配餐的沙拉醬。切忌過早淋上醬汁，以免蔬菜萎縮而出水。

十、油脂的介紹

自古以來油脂為人類不可缺少的食物，膳食中的油脂可自各種不同的食物攝取而得之，一般包括可看見的油脂如沙拉油、豬油、奶油及一些存於食物中看不見的油脂如牛奶、蛋、魚、瓜子等，其中存於食物裡之油脂大約占膳食中油脂攝取量60%。

依油脂的營養價值、分類、構造、物化特性、加工方法、烹調原理、油炸時的變化加以敘述。

(一)油脂的營養價值

油脂為人類熱量的主要來源，每公克油脂可提供給9大卡的熱量，相當於蛋白質或醣類所能供給熱量的2.25倍。一般，每人膳食總熱量能的20-30%由油脂而來。各種油脂的營養價值彼此間沒有顯著的差異，但其中所含的亞麻油酸（Linoleie acid）、次亞麻油酸（Linolenic acid）、油酸（Oleic acid）為人體所必需的脂肪酸（Essential fatty acid），缺乏時會有禿髮、鱗狀皮膚或斑點狀出血皮膚症狀出現。各種油脂所含必需脂肪酸的含量如表5-18所示。油脂在胃中停留時間較長，可使人增加飽足感。體內油脂具保護內臟，使內臟器官於固定位置。

表5-18　各種油脂必需脂肪酸之含量

油脂種類	亞麻油酸（%）	次亞麻油酸（%）	油酸（%）
紅花籽油	75	—*	14
葵花籽油	68	—	19
玉米油	56	—	29
黃豆油	54	7-8	24
棉籽油	52	—	22
米糠油	34	1	44
花生油	30	—	49*
橄欖油	12	—	73
豬　油	10	—	45
牛　油	2	—	39

＊記號表僅含微量

油脂可做烹調時熱交換的媒體，使食物著色和風味散發。固定油脂具有可塑性，增加麵糰濕潤性及層次性。有些油脂如單甘油脂、卵磷脂可做乳化劑，使油分散於水中，並可防止產品老化作用。卵磷脂用於糖果、點心中可作爲抗黏劑並能抑制黴菌生長。

(二)油脂的分類

油脂的種類很多，依來源可分爲：

1. 動物性油脂

由動物體內萃取而成的，如豬油、牛油、雞油，一般未經精製，因此結晶粗、安全性差，具有特殊風味。

2. 植物性油脂

由植物萃取製成的，如黃豆油、米糠油、玉米油、椰子油。一般經過精製、脫臭、脫色、氫化等過程，安定性好，沒特殊風味。

3. 加工用油

用植物或動物提取而得的原油，含有不同雜質影響油脂的風味、顏色、安定性、起泡性，因此須經過純化處理、漂白、氫化、脫臭、冷卻，如雪白牛奶（Shortening）、瑪琪琳（Margarine）。脂肪酸其碳原子的個數及鍵結方式會影響脂肪之特性。脂肪酸一般分爲：

(1)飽和脂肪酸（Saturated fatty acid）

指脂肪酸內碳鍵爲結合者，其通式爲$CnH2n+1COOH$，如棕櫚酸（Palmitic acid）、硬脂酸（Stearic acid）等。飽和脂肪酸分子量越大，熔點越高。

(2)不飽和脂肪酸（Unsaturated fatty acid）

指脂肪酸碳鍵中有雙鍵者，又分爲：

①單元不飽和脂肪酸（Monounsaturated fatty acid）

指脂肪酸中只含有一個雙鍵者，如油酸（Oleie acid）。

②多元不飽和脂肪酸（Polyunsaturated fatty acid）

指脂肪酸之碳鍵有二個或二個以上的雙鍵者，如亞麻油酸（Linoleie acid）、次亞麻油酸（Linolenic acid）。脂肪酸之不飽和鍵越多，油脂熔點越低，越容易受化學作用，即越容易水解、氧化或氫化。

(三)油脂使用時注意事項

1. 一般而言，食物油炸時所需溫度大約在190℃，因此作為油炸用油脂的發煙點最好在200℃以上。影響油脂發煙點的因素如下：

    (1)油脂酸數目的多寡：

    脂肪酸數目越多者，發煙點越低。

    (2)油脂中之乳化劑：

    油脂含乳化劑者其發煙點較低。

    (3)食物的裹衣越多者，使得油脂之發煙點降低。如肉片外裹麵包屑放入油鍋時，裹衣的顆粒點散於鍋中，增加食物與油的接觸面積，使發煙點降低。

    (4)烹調用具亦會影響發煙點，油在淺且寬的油炸鍋中，其發煙點較於直且深的油炸鍋中為低。

2. 油脂的回味（The reversion of fat）

    有些油脂因其所含氧原子之消失而產生回味的現象。油脂剛開始回味時呈豆味，再置放一段時間後就由豆腥味轉變成金屬味，最後則成魚腥味。油脂中如含有食鹽或脂肪酶（Lipase）也會引起回味的傾向。

3. 濕度太高黴菌容易生長，油脂表面長黴，造成油脂氧化酸敗。

4. 高溫破壞油脂

    油加熱後會分解成粗多短鏈的油脂酸，這些油脂酸會產生聚合作用（Polymerization），特別是含有多量的多元不飽和脂肪酸脂肪，在高溫和長時間的情況下，容易形成所謂的「聚合物」的高分子物質。這些聚合物是一種呈蠟狀或樹脂等的黏稠物，它們可能由碳分子間或者氧分子鍵間的直接結合所形成。油脂中聚合物增加時，油脂的黏度會提高，且使油脂產生異味。一般烹調食物，油的用量少，溫度雖高但時間短，故很少有聚合物的產生。

但在大量食物製備時，往往用同一個鍋子煎、炸或烤大量的食品，需要長時間加熱，因此在平底鍋邊、炸油鍋或烤盤上可發現一層深棕色的黏稠物，這就是聚合物的產生。油加熱時溫度要慢慢上升，不可操之過急，油溫不可超過204℃。當加溫太高時，油開始發煙，產生淡淡藍色的泡沫，這就是油的發煙點（Smoking point）。當油被加熱到達發煙點時，油就開始分裂。一般油脂在熔融狀態下，即60℃以上的溫度，每升高10℃，其劣化速度就會增加1倍。品質好的新鮮炸油其發煙不可低過200℃。油煙含有丙烯醛（Acrolein）是一種辛辣刺鼻的化合物，它會刺激眼睛及鼻黏膜。因此，在烹調油炸或烘烤含油量高之食物，應注意火候的大小、溫度的控制，這樣就可達到所謂的色、香、味、營養俱佳的成品。

第五節　幼稚園食物儲存

儲存食品材料的主要目的，在於保存足夠的食物，減少食物腐敗、變質避免損失。另外團體膳食所用的材料若能大量採購較為經濟，若能做好食品的儲存，即可降低食物成本，增加利潤。

現就依各類食物在儲存時應注意的事項分述如下：

一、肉類

㈠肉類極易腐敗，不能置於室溫中，應洗淨後瀝乾，依照每次使用量分割以密閉容器或塑膠袋分別包裝，置於冷藏或冷凍庫中，才能避免水分流失，亦可免除解凍時的困擾。

㈡絞肉或是切小塊的肉與空氣接觸面積大，易受人為及機器污染，應速予冷藏並儘速用完。

㈢解凍過之肉品，不宜再凍結儲存。

㈣冷凍與冷藏肉品的儲存期限爲

　　1. 牛肉類

　　　新鮮肉品冷藏1天，絞肉1至2天，肉排2-3日，大塊肉2-4日；冷
　　　凍：內臟可儲存1-2個月，絞肉1至2個月，肉排爲6-9個月，大塊
　　　肉2-6個月。

　　2. 豬肉類

　　　冷藏：絞肉1-2天，大塊肉2-4天。冷凍：絞肉1個月，肉排爲2-3
　　　個月，大塊肉3-6個月。

　　3. 雞鴨禽類

　　　雞鴨肉在冷藏室可儲存2-3天，在冷凍室可存放1月；雞鴨之內臟
　　　1-2天，冷凍3個月。

二、魚類

㈠魚類在儲存前要先除去鱗、鰓及內臟，沖洗乾淨，瀝乾水分，以清
　潔塑膠袋或密閉容器裝好，以低溫冷藏或冷凍，但不宜存放太久。

三、蛋類

㈠蛋擦拭外殼污物，鈍端朝上冷藏可放4-5週。

㈡帶殼的新鮮雞蛋不能冷凍，會使蛋黃產生結塊現象。若須冷凍應將
　蛋白、蛋黃分開，並加入少許鹽或糖，將之攪勻，再予冷凍。

㈢乾燥的蛋粉放於密閉容器內置於陰涼處存放一年，同時應避免濕氣
　及其他食物味道。蛋粉加水恢復成蛋液後應儘速用完。

四、奶類

㈠牛奶極易吸附其他食物的味道，因此奶類應存放於密閉的容器中。

㈡奶粉以乾淨的匙子取用，用後要緊密蓋好。

㈢鮮奶只適合冷藏，不宜冷凍。冷藏保存期限較短，應核對使用期
　限，並在一週內用完。

五、穀類、澱粉類

(一)放在密閉、乾燥容器內，置於陰涼處。

(二)勿存放太久或潮濕之處，以免蟲害及發霉。

(三)根莖類或塊莖類與水果蔬菜一樣，整理清潔後以紙袋或多孔塑膠袋包裝，置於陰涼處。

六、蔬果類

(一)有些蔬果如洋蔥、大蒜、蘿蔔、紅蘿蔔、馬鈴薯、香蕉，適合儲存於陰涼乾燥的地方，如馬鈴薯放於10℃以下易凍傷，18℃以上易發芽，所以應存放在10-15℃間。故這些蔬菜不宜放入冰箱中冷藏。

(二)瓜果類中皮厚的南瓜、冬瓜可放置在室溫下，皮薄的黃瓜、番茄等易腐敗應放入冷藏庫中。

(三)冷凍蔬菜按包裝上的說明使用，不用時存放於冷凍庫，已解凍過者不應再冷凍。

七、油脂類

(一)應放置在陰涼乾燥的地方，勿使陽光直接照射，亦不可放置在火爐旁。

(二)不宜用銅、鐵製成的容器來盛裝油脂，應選用不透明的瓶子或密閉容器。

(三)炸過的油應過濾，並儘速用完，若已變黏稠則不可再使用；新舊油或不同油脂不應混合，會破壞脂肪酸碳鍵，造成酸敗。

(四)在油炸中含有麵粉、麵包屑，或其他食物的碎塊，如不將它們濾去則會促使油脂酸敗。

(五)油脂中含有乳化劑的烘焙用之乳化油被誤用為油炸用油。

(六)油鍋面積太大，油暴露於空氣中之表面積大，促進油脂氧化酸敗。因此，要選用深鍋且鍋面稍小，炒菜用的淺圓底鍋，不適宜做油炸。

第六節 幼稚園製備與烹調器具

　　工欲善其事必先利其器，想要有理想的成品，除了要有烹調技巧好的人，還需要有合適的設備與器具。若能先對設備與用具做周詳的設計與規劃，不但能夠避免資金的浪費，更能有效利用空間，簡化製備及烹調過程，節省勞力。

　　現就選購設備與用具時注意事項，製備與烹調所需的設備與用具分述如下：

一、選購器具時注意事項

(一)良好的材質

器具的材質有許多種如木頭、塑膠、不鏽鋼等，其中以不鏽鋼材質較易於清理、不易生鏽、耐腐蝕，使用年限也長。

(二)構造簡單，容易拆卸清洗

為了確保食物的衛生安全，器具應於使用立刻清洗乾淨，故選用器具時應要容易裝配，拆卸且容易清洗。

(三)省時省力

所選用的設備與用具應考慮人體工學，工作檯面高度、寬度、水槽深度等都應在正常範圍內。另外，考慮生產量及製備量，可選用機器來節省勞力，例如切菜機、手推車、洗碗機等。

(四)良好的設計

設備與用具的設計四面應無死角，且彎曲處是圓弧型，與食物接觸面要平滑、完整沒有裂縫。此外，零件應容易更換、保養及操作。

(五)多功能性

選擇設備時應選購多用途的設備，最適當的選擇是一個鍋可以煎、煮、炒、炸，還附帶蒸籠的功能；切菜機可替換不同的刀片，切割出不同形狀的成品；果汁機可絞碎、壓汁用。選擇適當且多功能的設備，不但可減少不必要的空間浪費，還可節省人力。

(六)合於衛生安全

　　所有的設備與器具，不可用有毒的材料，如：鎘、鋁、有毒的塑膠製品，同時必須要有安全裝置如絕緣、自動斷電、警示等等。

(七)詳細的規格說明

　　設備或用具上應有國家安全檢驗合格的指標、廠商名稱、機器名稱、購買規格、附件，應留意電壓、功能、使用方法、保養注意事項等等。

(八)適當的價格

　　設備與器具的選用，應依每日所需製備的量來考慮。若是一年中僅兩次的活動需要較大容量的設備，就不須花費太多費用於大型設備上。決定一個器具是否需要及大小，是要看平均工作量而不是考慮特殊的日子。

(九)考慮現在的供應及未來發展之需要

　　餐飲設備與用具要有整體性的規劃，切忌任意添購，規劃時應依注意空間大小，所設計的菜單、供應份數及未來發展來選購設備與用具。

二、製備設備與用具

(一)工作檯面

　　工作面高度80公分，腳架15公分，桌面長寬依需要而定，工作檯通常同時結合其他特殊用途來設計。

(二)水槽

　　製備中使用頻率高、不可缺少之設備。水槽應具備不易積存污垢且耐熱、酸、鹼等特性，一般以不鏽鋼材質為佳。

(三)刀具

　　各國刀具因生活習慣及廚師使用習慣不同有很大的差異。中式菜刀一般可分為切薄片刀、剁骨刀、切魚、切蔬菜、切水果等不同用途之刀具。應依不同的切割選用合適的刀具。

（四）切割機器

一般常使用的切割機器有：

1. 電動切片機：用來處理火腿、冷凍肉片等，切片的厚薄可自由調整。
2. 蔬菜處理機：可更換不同刀片將蔬菜依需要切片、細絲、粗絲等各式形狀。
3. 絞肉機：絞碎肉塊，使用時必須留意，要以木棍來推動食物以避免意外。
4. 其他：剝皮機、切　機等。

（五）製冰機

冷供應食物或飲料需要大量冰塊。市售的製冰機結成冰塊的形狀與製冰板形狀有關，一般以蜂巢式製冰板最好。

（六）各式混合碗及製備所需小用具

混合碗一般使用不鏽鋼材質，有些較大型的混合碗附有工作架，以方便移動，節省勞力。製備時所需的小用具尚有漏杓、漏水盆、肉槌⋯⋯等等。

三、烹調設備與用具

（一）烹調爐灶

中式與西式爐灶之設計差異大，中式爐大多採用鼓風爐口，灶前有噴水管可噴出水，使檯面乾淨，西式爐灶採用瓦斯或電熱為熱能來源，工作面較平整。

（二）油煙罩

油煙罩的設計須視烹調區的長度、寬度、熱能及空氣排散程度而定，一般長、寬皆較烹調工作檯面四面多出10-15公分，高度以190公分，深度60公分，油煙管高度約20公分。較理想的油煙罩為自動清洗油煙設計，若沒有此設備最好有濾油網，定期將濾油網清洗潔淨，以免產生太多油垢，造成重大意外事件。

(三)烘焙機器

烤箱（烤爐）為烘焙的主體，可分為下列幾種：

1. 旋轉式烤爐

烤箱內具有一直旋轉之旋轉軸，此種烤爐內部較大，耗費熱能較高，烤箱內部溫度控制不易。

2. 箱式烤爐

鋼板架於外層，內以玻璃棉隔熱，有1-2門或4-6門，其優點在於所占的空間小，操作容易，在同一時間內烤不同產品。

3. 旋風式烤爐

烤箱內加裝風扇，使熱傳導更均勻，加熱快，時間可縮短1/3。

(四)油炸機

適用於各種食物，如炸雞排、炸雞、炸馬鈴薯。一般可分為開放式油炸機、壓力式油炸機，成品多汁以壓力式油炸機較適合。

(五)蒸氣迴轉鍋

用以烹調需要拌攪的食物，如炒飯、炒菜等。是省力的設備。

(六)微波爐

利用電磁波震盪食物分子，加熱食物。微波能夠在短時間內將食物煮熟，有迅速烹調，保留食物色澤、形狀、風味且無油煙等優點。除烹調外，一般常用於食物再加熱及解凍，但使用時須要注意不能使用金屬器皿，且不應直視爐子。

(七)平煎鍋

利用瓦斯或電力，加熱爐板，使食物變熟的設備。可用以煎牛排、荷包蛋等等烹調。

(八)煮飯機與洗米機

煮飯的機器，由較早瓦斯加熱的煮飯鍋到電子鍋，目前已有全自動的煮飯機，可全自動炊煮出白飯、稀飯，並有預約設定。洗米機具有貯米、自動計量、洗米等功能。

第七節　幼稚園餐飲衛生安全

根據行政院衛生署的資料顯示，每年到了夏天，台灣地區因飲食不潔而引發的食物中毒案件就會增多，且患者人數有逐年增加的趨勢。令人擔心的事，學校即是食物中毒的主要場所之一，且每次學校發生食物中毒的人數也不在少數，因此學校團膳管理備受衛生單位的關切。幼稚園兒童的餐點，絕大多數是由園方供應，幼稚園如何提供一個衛生又安全的餐點，促進幼兒的身心健康，將是每一位從事幼教工作者所必須關切的事情。影響幼稚園兒童餐飲衛生安全的主要因素有三：一、正確的食物保存及調理方法，二、廚房工作人員的個人衛生習慣及衛生常識，三、廚房的衛生設備及衛生管理。

一、正確的食物保存及調理方法

(一)食品保存之原則

食品保存最主要的功能是防止食品腐敗、變質及預防食品中毒，為達食品衛生要求，則須注意下列兩項原則：

1. 防止二次污染：利用櫥架有蓋清潔容器，來防止空氣中落菌、水滴、飛沫等所造成的二次污染。

2. 抑制細菌增值：長時間的儲存可使用冷藏（凍）庫（冷藏溫度5℃以下，冷凍溫度-18℃以下）及保溫箱或保溫台（溫度65℃以上）等設備。

(二)食品調理之原則

台灣氣溫非常適合細菌的繁殖，若稍有不慎，則有引發細菌性食物中毒的危機，所以在調理食物時，有三項重要原則：

1. 保持清潔。
2. 迅速處理。
3. 溫度控制。

二、廚房工作人員的個人衛生習慣及衛生常識

(一)廚房工作人員的健康狀態

1. 工作前應接受健康檢查，如患有A型、B型肝炎或肺結核等傳染疾病者，則不適此項工作。

2. 若患有手部皮膚病、出疹、濃瘡、外傷等可能造成食物污染之疾病者，不可從事與食物接觸之工作。

3. 工作人員每年必須至少接受一次健康檢查，以了解身體狀況。

(二)廚房工作人員的個人衛生習慣

1. 工作人員進入廚房之前，必須穿戴整齊的廚房工作服，以防頭髮、頭皮屑及外來夾雜物落入食物中。

2. 工作前應用清潔劑洗淨雙手，並依標示步驟正確洗手。

　(1)正確的洗手流程——濕潤雙手。

　(2)擦入肥皂或洗手液。

　(3)兩手心相互摩擦。

　(4)兩手自手背至手指相互撞擦。

　(5)用手互搓兩手之全部，包括手掌及手背。

　(6)做拉手姿勢擦洗指尖。

　(7)沖去肥皂，洗淨手部。

　(8)利用拭手紙擦乾雙手。

3. 手部應保持清潔，不可蓄留指甲、塗指甲油或配戴其他飾物等。

4. 如廁後或手部遭受污染時，應清洗手部。

5. 工作中不可抽煙、嚼檳榔或口香糖等可能污染食物之行為。

(三)廚房工作人員的衛生常識

1. 器皿掉落地上後，必須重新清洗才可使用。

2. 掉落地上的熟食，必須丟棄。

3. 以雙手處理不再加熱的可食食物時，應戴上清潔之衛生手套。

4. 炒菜時，不可以口對杓直接試吃嘗味，應另外使用一淺盤或小碗

試吃，以免污染食物。

5. 不可將生食及熟食放置在同一容器內。

6. 不能立即食用的熱食，應放在65℃以上的保溫台中，防止微生物孳生。

7. 所有可食食物必須加蓋蓋好，沒有加蓋的食物會引來蒼蠅及塵埃。

8. 不可坐臥在工作台或調理台上，防止污染。

9. 破損的器具或餐具應丟棄，因爲易藏污納垢或割傷。

10. 不要將廢棄物放置在可食食物邊。

三、廚房的衛生設備及衛生管理

(一)廚房衛生的基本設施

1. 牆壁、支柱和地面：牆壁、支柱和離地面一公尺以內之部分應鋪設白磁磚、淺色油漆和磨石子，地面應使用不透水、易洗、不納垢之才材料鋪設，不得積水，並保持清潔。

2. 樓板或天花板：應爲白色或淺色，表面光滑，易於清洗且不可有破損現象。

3. 出入口及門窗：應裝置紗門、紗窗或其他防止病媒蚊侵入之設備。

4. 供水設備：水是廚房中不可缺少的物質，水質必須符合飲用水標準，並有充分的水量及適當的水壓。

   (1)凡與食品接觸者應符合飲用水水質標準。

   (2)非使用自來水的部分應設置淨水或消毒設備，使用前應向當地飲用水主管機關申請檢驗，合格後才能使用，繼續使用時每年至少應重新申請檢驗一次。

   (3)蓄水池（塔、槽）應有污染防護措施，定期清理，保持清潔。

   (4)定期測定水中餘氯並做官能檢查，以避免水管破裂，蓄水槽受污染。

5. 排水系統：應有完善暢通之排水系統，排水溝應加蓋，出口處應有防止病媒侵入之設施。

6. 光線：廚房工作台和調理台桌面的光度應在200燭光以上。

7. 通風與排氣：有良好之通風及排氣設備，且通風及排氣口應保持清潔，不可有灰塵或油垢。

8. 洗手設備：地點應設置適當，數目足夠，且使用易洗、不透水、不納垢的建材。

9. 廁所：與廚房應有所隔離，與水源的距離應在二十公尺以上。採用沖水式，並設有流動自來水和洗手設備，內部通風，採光良好並保持清潔。

(二)廚房設備及用具的衛生管理

1. 洗滌設備

   餐具的清潔是確保飲食衛生的重要因子之一，因此廚房中必須設備要清洗、沖洗及消毒之三槽式餐具洗滌殺菌設備，並有充足之流動自來水和熱水提供洗滌使用，以下清洗餐具的簡單流程。

   (1)預洗：除去餐具中剩餘的菜餚，並用溫水沖去殘留物和油脂。

   (2)清洗：將清潔劑泡在43-49℃的水溫中，以刷子、海綿或手將餐具中的食物殘渣或污油徹底清除乾淨。

   (3)沖洗：利用乾淨的溫水沖洗餐具中的清潔劑，沖洗過程應保持流動自來水，使帶有清潔劑的水能流出，防止污水滯留。

   (4)消毒：將餐具浸潤在80℃以上的熱水或200ppm的氯水2分鐘以上。

   (5)乾燥：將餐具取出，放置在餐具籃中風乾即可。

2. 抽油煙機

   最好使用不鏽鋼漏斗型油煙罩，抽氣能力以可完全排氣為原則，須定期清理不可留有油垢。

3. 砧板及刀具

   防止砧板及刀具使用不當或衛生不好而引起食物間的相互污染，

甚至引發食物中毒，因此使用時應注意下列幾點：

⑴不可使用木製砧板，應使用食用級高密度合成樹脂砧板。

⑵不同用途的砧板及刀具應以有色膠帶標記，以利區分。最好能有四塊砧板，分別處理蔬菜、水產、畜產及熟食。

⑶用具使用後，應立即洗淨並定期消毒，通常可用熱水（85℃）、氯水（200ppm）或紫外線等消毒法。

⑷消毒後的砧板應側立，以免底部受到二次污染。

4.清潔及清掃用具

⑴最好採用淺色抹布，如有發霉現象出現，則不可再使用。

⑵抹布應類似砧板分類方式使用，多準備數條，擦拭切熟食的砧板及菜刀時，更須使用專用的抹布。

⑶抹布應每日清洗，最好能用沸水煮30分鐘，應於晾乾或烘乾再使用。

⑷海綿或菜瓜布等清潔用具洗淨後可浸於150ppm的氯液中消毒。

⑸清掃用具（掃把及拖把等）不能放置在廚房內。

5.調理器皿

⑴常用器皿有鍋、杓子、鍋鏟、濾網、水壺等，使用後應先清洗，再以熱水、氯水或紫外線消毒，並有專門位置存放。

⑵與食品接觸的器具不可直接放置於地面，應置放在高度30公分以上的檯面。

6.調理台

應以易洗、不納垢的不鏽鋼材質為主，且於每餐後清理桌面油污，其清洗方法為：

⑴一般性污物可用海綿或布沾上中性洗潔液及氯水先行擦抹後，再以水沖洗。

⑵難洗污物或油性污物可用三氯乙烯、酒精溶液或丙酮、苯酮等有機溶液先使污物脫離後，再以水沖洗。

(3)變色部分可用研磨材料，如亮光粉將它擦亮，研磨時方向要與表面平行。研磨後再用水沖洗。

(4)生鏽部分可先用15%的鹽酸或市面上所販賣的除鏽劑把鏽去除後水洗。

7.餐具

使用不鏽鋼餐具為主，因其耐用、安全又易清洗；不鼓勵使用免洗餐具，易造成廢棄物處理的麻煩。

8.餐具櫥

餐具櫥是放置清潔且消毒過餐具的地方，其注意事項如下：

(1)最好採用不鏽鋼製。

(2)本身應有防止病媒進入及灰塵污染的功能。

(3)經常保持內部清潔與乾燥。

(4)可增加烘乾設備。

(5)內部不可堆放其他雜物。

9.冷凍或冷藏設備

設置冷凍設備的目的，主要是延長食物的保存期限，溫度控制和防止二次污染為冷藏或冷凍室衛生管理的主要項目。

(1)冷藏溫度應保持在7℃以下，冷凍溫度應在-18℃以下。

(2)室內物品須排列整齊，裝置容量不可超過70%，讓冷氣充分循環。

(3)盡量減少開門次數和時間，定期除霜，保持冷凍（藏）溫度。

(4)遠離熱源。

(5)定期清洗和消毒（200ppm的氯水），確保冷凍（藏）室的清潔。

(6)蔬菜、水果、水產、畜產原料或製品，應分別加以適當包裹，以避免交互污染。

(7)熟食品應先以容器分裝後密封，再放入冷凍藏室。

(8)內部應設有棚架，食物不得相疊置放，以避免污染。

(9)不可放置其他物品。

10.乾料庫房

乾料庫房主要是儲藏乾燥的食品物料，其衛生管理事項如下：

(1)物料應分開包裝儲藏且庫內應保持涼爽通風。

(2)採光良好並有防止病媒侵入之設施。

11.清潔及消毒用品

(1)食品、與食品接觸的器具，皆不可使用洗衣粉洗滌。

(2)清潔劑及消毒劑應正確標示其毒性和使用方法，存放於固定場
所且上鎖，以免污染食物，其存放與使用方法應有專人負責。

(三)廚房環境的衛生管理

1.廢棄物的管理

不妥善處理廚房之廢棄物，容易引起惡臭和誘來蚊、蠅、蟑螂等
病媒，因此在處理廚餘及垃圾時應注意：

(1)可燃和不可燃垃圾分別處理，且將固體和液體廢棄物分開放
置。

(2)放置有蓋垃圾桶及有蓋廚餘桶，內部應放置塑膠袋，以利清
理。

(3)每回作業完畢應立即清理，若不能即時搬走時，應先密封儲
藏，必要時先行冷藏，防止廚餘發酵、腐敗、發臭孳生有害動
物。

(4)廚餘及垃圾之堆積場所應與調理或加熱場所隔離。

2.廚房病媒管理

一般所謂之病媒乃專指蚊、蠅、蟑螂、臭蟲、跳蚤、蝨、鼠等動
物，這些動物的孳生散布是傳染病蔓延之主要因素之一，食物亦
可能遭受病媒之糞便排泄物污染，或病媒攜帶食物中毒菌而污染
食物。若能做好廚房環境衛生，便可防止病媒侵入，其主要防治
步驟有四：

(1)不讓牠進來

①安裝紗窗和紗門。

　②採用水封式水溝——水溝採用水封式出口，做出U型管道，
　　　並裝上0.6公分孔目大小的金屬網，防止鼠蟲進入。

⑵不給牠東西吃

　①妥善存放食物——食物應儲存於密封的容器內。

　②垃圾和廚餘要密封處理，並隨時保持廚房地面的清潔。

⑶不讓牠住

　①經常清理乾料庫房不任意堆積雜物。

　②注意死角。

　③排水溝、通風口保持通暢。

⑷撲滅牠

　①捕鼠籠。

　②捕蟲燈。

　③化學藥品防治法——噴灑殺蟲劑殺死病媒，但調理台桌面不
　　　可噴灑。

　④其他——使用蒼蠅拍及捕蠅紙等。

四、自我衛生檢查

　　從上述的資料中，大家應該可以掌握幼稚園餐飲衛生安全的重要原則。若要真正落實園內餐飲衛生安全、維護幼兒身體健康，則須建立自我檢查制度。衛生檢查的工作，可由園內廚房工作人員和負責幼兒餐點的教師組成一個評鑑小組，製作衛生管理自我檢查表，藉由各項查核依據，提高工作人員對衛生的關切，並可從檢查過程中發現問題進而討論改善，減低園內因衛生設備不好、調理食物時不小心、不當儲藏食物或工作人員衛生習慣不好等種種原因，引發細菌性食物中毒。

　　此外，每日供應的餐點應預留一份，保藏在冰箱中，以備發生食物中毒時，能立刻化驗了解幼兒食物中毒的原因，以供醫療參考。如一時疏忽已造成園內幼兒食物中毒時，千萬不可慌張，依照下列步驟處理，

即可避免事態繼續擴大，波及更多的幼兒：

(一)立即將患者送醫急救。

(二)將預留的剩餘食物、患者嘔吐物或排泄物送至衛生單位檢驗。

(三)儘速通知衛生單位派員處理，同時呈報上級單位（社會局或教育局）協助處理。

第八節　幼稚園營養教育

　　一個人飲食習慣的養成，首先在於嬰兒期母親對於副食品的添加，即新食物的介紹。在這個階段若處理不當，例如只給幾種食物或完全不給副食品，便會造成小孩日後偏食、挑食的習性。待小孩漸長大進入幼稚園過團體的生活，他的飲食習性，就受到同伴、老師的影響；在這個階段如果老師能適當地安排營養教育課程，同時注意進餐的氣氛，可引導小孩普遍地喜歡每一類食物，可使小孩藉由團體生活稍改變偏食的壞習性。

　　父母與老師對小孩的飲食習性，影響甚大，所以本身須具備正確的飲食觀念。由於科學進步，各種新知識不斷地藉由書報雜誌、廣告媒體來告訴我們，所以父母及老師應多方面嘗試閱讀有關營養方面的書籍，多聽聽此方面的演講；家長與園所老師應相互溝通，了解小孩在園內的飲食狀況，以作為自己設計菜單的參考。

　　在幼兒營養知識的推廣中，首先要讓小孩喜歡各類食物，方可易於工作之進行。小孩由於有個別差異，若有偏食、厭食、挑食之情況，父母或幼稚園老師偶爾可配合菜單，讓小孩參加一部分食物製備的工作（當然是指一些較不具危險性的工作）。根據我設計幼稚園菜單的經驗，小孩對於自己參與工作所做出來的產品，食物未烹煮好時，已帶著期盼，進食氣氛更相當愉悅。如揉好麵糰，讓小孩自行創造其造型，再由成人加以烹煮，一方面可訓練小孩的創造力，另一方面可引起其食慾，不會對食物產生厭惡感。又如小孩不喜歡吃蔬菜，您可買各種蔬菜及肉類，讓小孩將蔬菜洗淨，拿一把不太鋒利的水果刀，讓小孩去切割，或可買幾個可愛的實物模型，讓小孩刻印；食用時讓他們自行將蔬菜等丟入鍋中烹調，也可收到相當的成效。

根據大部分幼稚園老師的經驗，一般小孩不太喜歡喝牛奶，但牛奶在幼兒成長發育期間是一種十分良好的食品。父母及老師應如何來推廣呢？其實不必讓小孩看出那是牛奶，可將牛奶加入其他食物內一起烹調，如做成布丁、芝麻鍋炸或適合的餐食，如烤白菜；又如改變牛奶的風味加入木瓜、草莓打成果汁奶。若小孩仍無法接受，則試以豆漿加蛋來取代牛奶。

由於小孩的認知有限、經驗不足，須透過老師有計畫、有組織地安排，引導學生學習，因此營養教育之推廣，應以與日常生活有關，常可接觸到的，學起來較容易、較有趣。幼稚園老師的教學活動應充分利用實物、圖片、口述、模型來做食物營養的介紹。往往一般營養上的名詞，對小孩而言十分空洞，如何才能讓他們了解就十分重要。可利用演話劇、講故事、看卡通影片來介紹，名稱盡量淺顯易懂，以收事半功倍之效。活動之進行以實際為主，如種蔬菜、養家禽，讓小孩了解動植物的生長過程。活動進行的方式，應依幼兒的個別差異設計不同層次的學習，用團體活動或分組活動或個別指導來帶領整個活動，如小班的教學應異於大班。並可配合特殊節日，如端午節，可介紹粽子的來源、種類及營養，同時可告訴小孩粽子所缺乏的營養應從何種食物來補充。介紹時由簡到繁，由易到難，由舊經驗引到新經驗，由具體到抽象。譬如介紹水果，應分其外形、顏色，吃起來的質感、味道，甚而讓他們練習數目，再以淺顯的字來介紹所含的營養。或由遊戲中帶領小孩認識各種事物，如做買賣遊戲，不僅可學到人與人之交往關係，認識各種事物，認識數的概念。若經費及時間許可的話，可安排一些實際的參訪活動，如參訪果園、麵粉廠、食品加工廠，可使小孩更有經驗了解各種事物。

幼稚園內老師的工作已相當繁重，更由於工作性質不太相同，可能有些老師本身所學涉及營養方面的知識並不太深入，所以在幼稚園內應設有營養師來協助營養知識的推廣。營養師的職守不僅要做好餐食菜單的設計，更要督導餐食製作人員養成良好的衛生習慣，並應每日記錄園內小朋友用餐後的盤餘量，以作為飲食喜好之評估。更重要的是隨時將新的營養知識告訴老師，並設計一些營養認知的課程來配合老師的教學；若有餘力，應利用家長會與家長溝通，了解小孩在家中飲食的情況，或將正確營養觀念帶給家長。

幼兒營養教育之推廣，應使家長、幼稚園老師在園內營養師三者常有機會溝通，一方面使家長了解幼兒在園內生活的情形，得到正確的營養知識，另一方面可使老師知道孩子之個別需要，以便於日常生活中給予適當的輔導，使幼兒自幼培養良好的習慣，引導其選擇均衡的膳食，促進身體健康，將使他終身受益無窮。

表5-19　米和麵

單元名稱	米和麵
教學目標	1. 認識米與麵粉的由來 2. 認識米與麵對人的好
活動目標	
1. 觀察米和麵的食品	1. 取各種米製與麵製的食品，由幼兒說出名稱 2. 介紹米食與麵食材料的不同 3. 介紹稻與麥的成長過程 4. 農夫真辛苦
2. 認識物質變化，啟發幼兒創造力	1. 知道米粉是米磨成的 2. 知道麵粉是小麥磨成的
3. 培養幼兒能與人分享好吃的食物	1. 讓幼兒製作一種米食或麵食 2. 由製作過程學習創造力
4. 培養幼兒用餐禮節	1. 幼兒知道用餐禮節，學習正確用餐 2. 知道刀叉用法
5. 培養幼兒快樂參與生活	1. 幼兒學習團體飲食生活

表5-20 常吃的蔬菜

單元名稱	常吃的蔬菜
教學目標	1. 輔導幼兒認識常吃蔬菜的名稱、形狀、顏色 2. 培養幼兒良好飲食習性，多吃蔬菜 3. 輔導幼兒進行各種蔬菜遊戲
活動目標	
1. 能說出蔬菜的名稱、形狀、顏色	1. 師生共同觀察蔬菜的顏色、形狀、名稱 2. 請幼兒摸一摸、聞一聞、看一看各種蔬菜 3. 討論吃蔬菜的好處
2. 練習洗菜	老師教學生一葉一葉剝菜葉，用水沖洗
3. 練習切菜	用塑膠刀或模型由幼兒切菜，亦可摘菜葉
4. 煮蔬菜湯	用火鍋裝水，放入蔬菜煮成蔬菜湯，小心幼兒安全

表5-21 均衡營養

單元名稱	均衡營養
教學目標	1. 認識六大類食物 2. 培養幼兒良好飲食習性，均衡吃各種食物 3. 輔導幼兒進行各種食物的遊戲
活動目標	1. 師生共同觀察各種食物的顏色、形狀、名稱 2. 請幼兒摸一摸、聞一聞、看一看各種食物 3. 討論吃不同食物的好處
1. 練習食物分類	老師教學生將食物分成六大類
2. 練習說出各類食物的主要營養素	由學生說出每類食物的主要營養成分
3. 給學生獎勵	本單元難度高，須給幼兒鼓勵

表5-22 到超市參觀

單元名稱	到超市參觀
教學目標	1. 認識不同食物的品質 2. 認識不同食物的標誌 3. 輔導幼兒辨別食材的新鮮與不新鮮

活動目標	1. 師生共同觀察各種食物的品名 2. 請幼兒摸一摸、聞一聞、看一看各種食物，辨別食物的鮮度 3. 討論生鮮食品、罐頭食品品質
1. 練習辨別食物風味	老師教學生認識各種食物的風味
2. 練習說出各類食物的好品質	1. 由學生說出每類食物新鮮與不新鮮的不同 2. 由學生說出每類食物標誌，代表的意義
3. 給學生獎勵	本單元難度高，須給幼兒鼓勵

表5-23　小花生

單元名稱：小花生			
單元目標			
1. 了解花生的生長過程			
2. 知道花生的各種加工食品			
3. 增進想像及創作能力			
4. 培養好奇的探索能力			
5. 學會如何種植花生			
活動目標	學習活動內容	資源	評量
◎了解花生的成長過程	活動一：我長大啦 一、引起動機 將花生的圖片或加工食品引起幼兒的注意。 二、活動過程 ⑴老師問幼兒，請幼兒猜猜看這是什麼? ⑵老師取出有關於花生的圖片，並介紹花生的生長過程。	圖片 照片	

活動目標	學習活動內容	資源	評量
◎進行團體分享 ◎製作小點心	活動二：認識加工食品 一、引起動機 老師準備花生的加工食品，如：花生牛奶、花生糖、花生醬、花生油、花生夾心餅乾等。 二、活動過程 ⑴老師準備吐司麵包及花生醬，使用用具。 ⑵教師引導幼兒製作三明治。 三、延伸活動 幼兒可製作三明治帶回家與爸媽一同分享。	吐司 花生醬	◎你知道花生在地下結果，還是地上結果？
◎讓幼兒了解花生的果實是長在地底下。 ◎培養安靜聆聽故事。	活動三：花生不見了（故事） 一、活動過程 老師說一則有關於花生的故事 故事大綱：從前有一個國王很喜歡吃花生，於是就在自己的花園裡種起花生，花生一天天地長大，開了花。因為國王太忙了，沒有時間去看他種的花生，沒想到花生被別人偷走了！只剩下花生莖和花生葉，國王很生氣。但是沒有人知道花生到哪裡？並下令士兵們去抓小偷，但始終都沒有抓到。有一位大臣說：「我知道，花生在哪裡了。」大臣輕輕挖開土，原來花生長在地底下！	圖片 書冊、圖書	◎能說出三個偏食的害處。

表5-24　你喜歡吃什麼

<table>
<tr><td colspan="4" align="center">單元名稱：你喜歡吃什麼</td></tr>
<tr><td colspan="2" align="center">單元目標</td><td colspan="2" align="center">學習主題</td></tr>
<tr><td colspan="2">1. 灌輸幼兒定食定量的觀念</td><td colspan="2">1. 討論暴飲暴食會造成的結果</td></tr>
<tr><td colspan="2">2. 認識食物的種類</td><td colspan="2">2. 藉由圖片來認識「吃」的食物有哪些</td></tr>
<tr><td colspan="2">3. 教導幼兒營養均衡的重要性</td><td colspan="2">3. 討論食物中所含的營養有哪些</td></tr>
<tr><td colspan="2">4. 培養幼兒良好的衛生飲食習慣</td><td colspan="2">4. 培養飯前洗手飯後漱口的習慣</td></tr>
<tr><td colspan="2">5. 注意公共場合的用餐禮貌</td><td colspan="2">5. 學習用餐禮儀及態度</td></tr>
<tr><td align="center">活動目標</td><td align="center">活動內容及過程</td><td align="center">資　源</td><td align="center">評　量</td></tr>
<tr>
<td>◎培養幼兒廚房的衛生與安全的觀念。
◎了解食物是如何烹調而成。
◎培養珍惜食物的觀念，知道廚師的辛勞。</td>
<td>活動一：參觀廚房
一、討論食物是經由哪裡烹調的
二、參觀廚房：
(1)和學校廚房約好參觀的時間。
(2)帶幼兒參觀廚房，介紹廚房的設備及環境。
(3)提醒幼兒注意廚房的衛生及安全。
(4)告知廚房的危險性在哪裡。
(5)討論食物是如何烹調而成的。</td>
<td>廚房、各種飲食餐具。
各種烹調食物的用具，如刀、鍋、盤等。</td>
<td>◎知道飯前洗手飯後漱口的重要性。
◎會說出食物如何烹調而成。
◎知道要珍惜食物。
◎了解廚房的危險性在哪裡。
◎會說出各類食品之不同營養處。</td>
</tr>
<tr>
<td>◎培養均衡飲食的觀念。</td>
<td>活動二：營養均衡
介紹各類的食物之顏色、形狀等。
營養均衡：
(1)介紹食物，並教導幼兒均衡營養不偏食的觀念。</td>
<td>各大類食物之圖片。</td>
<td>◎會說出各類食物的名稱，及對身體的幫助！</td>
</tr>
</table>

活動目標	活動內容及過程	資　源	評　量
◎認識各類食物及其所含營養素。 ◎培養幼兒思考及分析的能力。	(2)準備各種食物圖卡，如穀類、肉類、蔬菜、水果、點心、飲料等。 (3)將幼兒分成兩組。 (4)在黑板上寫出食物的分類項目，將所有食物圖卡放進一個箱子。 (5)幼兒每次每組派一代表抽出一張圖卡，將它放在適當的類別項目下。放對者得一分，最後得分最多的那組獲勝!! 三、節令角 (1)介紹各種節目的應節食物。 (2)藉由討論，大家一起說出什麼節日的應節食物有哪些。如：端午節—粽子，元宵節—湯圓。	各類食物所含營養一覽表。 各種應節的食物之模型。	◎會將食物的分類做好。 ◎會說出應景的食物有哪些。
◎訓練幼兒的記憶力。 ◎認識水果。 ◎培養幼兒的思考及配合團體的能力。 ◎培養幼兒分析能力。	活動三：好吃的水果 一、介紹水果的顏色及不同處。 二、介紹多吃的益處。 三、遊戲：水果蹲 (1)幼兒分組，每組皆代表一種水果。	各種水果的模型及圖片。 果汁，各種不同味道的。	◎會說出水果的名稱。

活動目標	活動內容及過程	資　源	評　量
	(2)遊戲開始，喊例：蘋果蹲蘋果蹲，蘋果蹲完換「誰」蹲。 (3)速度由慢變快，以淘汰賽，最後一組獲勝。 四、討論平常喝的果汁有哪些，由哪些水果榨成的。		◎會配合團體一同活動。 ◎會辨認不同的口味、酸、甜。
◎培養幼兒飲食控制的觀念 ◎認識各類速食品。 ◎了解漢堡、可樂、薯條這三樣食品的營養成分！	活動四：可樂、薯條與漢堡 一、介紹並討論什麼是速餐品？ 二、共同討論食物吃多了會怎樣？吃少了會怎樣？ 三、可樂、薯條與漢堡： (1)先與廚房約好，點心或午餐時間提供這三種食物。 (2)介紹這三種食物的營養成分。 (3)介紹漢堡及做法。 (4)討論市面上的速食品有哪些。 (5)教導幼兒不可吃太多這類的食品。 (6)加強幼兒在速食餐桌上的禮儀。	各類速食店的廣告單 速食的模型，如漢堡、可樂、薯條等。	◎會說出並知道不挑食、有禮貌的益處。 ◎會說出速食品的種類有哪些。

活動目標	活動內容及過程	資　源	評　量
◎培養用色及審美觀。	四、畫出自己最喜歡吃的食物。	紙、彩色筆	◎會說出自己喜愛的食物為何。
◎培養自行準備食物及活動所需用品的能力。	活動五：一起去野餐 一、引起動機─介紹野餐的意義。	食物、水壺、帽子。	
◎培養旅遊安全的觀念。	二、一起去野餐： (1)請幼兒自行準備野餐時所需要的食物及用品。		◎會自己整理東西。
◎培養愛護環境的心。	(2)在園所附近找一處適合野餐的綠地！（公園） (3)野餐時教導幼兒應注意的安全。		
	(4)野餐完畢後教導環境保護及垃圾不落地的觀念。	垃圾袋。	◎了解環保的重要性。

表5-25　均衡一下

單元名稱：均衡一下	
單元目標	學習主題
1. 認識食物中所含的營養素	1. 藉由討論介紹食物中所含的五大類營養素有哪些
2. 了解中西方飲食習慣的不同	2. 討論及觀察中西方食物之不同
3. 認識均衡飲食的重要	3. 製作三明治、生菜沙拉、果凍
4. 培養正確的餐桌禮儀	4. 學習餐桌上的禮貌及用餐方式
5. 培養敏銳的觀察力	5. 培養觀察有效日期的習慣

活動目標	活動內容及過程	資　源	評　量
◎認識食物中所含的營養素。 ◎了解葷、素食的不同。	活動一：吃出健康 一、討論：我們每天所吃的食物有哪些？如果不吃東西會如何？ 二、介紹食物中所含的營養素： (6)蛋白質：魚肉、奶豆類最多。 (7)維生素：蔬菜、水果含量較多。 (8)礦物質：牛奶、肝臟類多。 (9)脂肪：油脂。 (10)醣類：全穀根莖、水果。	食物、圖卡、錄音、影帶、食物之模型。	◎幼兒能說出兩項均衡飲食的重要。
	活動二：好吃的食物 一、涼拌小黃瓜 (1)事先準備一些小黃瓜、蒜、槌子、醬油、香油。 (2)先指導幼兒將小黃瓜洗淨，並協助將小黃瓜切成一小段，讓幼兒使用槌子將小黃瓜拍碎，加入佐料即成。 (3)提醒並指導幼兒使用刀子及槌子時的安全。 二、分類遊戲 (1)先準備一些蔬果、魚肉之模型。	小黃瓜、蒜、槌子、小刀、醬油、香油。 蔬果、魚肉、全穀根莖之模型。	◎會依指示做正確的分類。

活動目標	活動內容及過程	資　源	評　量
◎了解葷、素食的不同。	(2)指導幼兒葷、素食的區別方法，A：植覺性：素；B：動物性－葷。 (3)進行分類之遊戲。		
◎認識麵包製作、販賣的情形。 ◎培養觀察力。	活動三：麵包店 一、事先接洽有關參觀之事宜。 二、讓幼兒觀察麵包製作的過程。 三、和幼兒一同發表其所見所聞。 (2)麵包店有哪些食品? (3)食品其料理的過程是如何？ 四、三明治的製作。 (1)利用事先準備好之材料，吐司、蛋等等，在點心時間拿出來。 (2)讓幼兒們自行取用，並自製可口的三明治。 (3)老師協助完成。	麵包店、麵包。 三明治：吐司、小黃瓜、蛋、巧克力、草莓果醬。	◎個別發表時幼兒能正確的說出麵製品的名稱。 ◎會依指示自行製作三明治。
◎認識不同餐飲所使用的餐具。 ◎認識基本的餐桌禮儀。	活動四：健康寶寶 一、請幼兒發表上館子的經驗，並發表所吃的食物內容。 二、討論不同的食物所使用不同的餐具，比較中、西餐所吃的東西之不同。 三、共同討論用餐所應注意的禮儀。 做事時間： 一、說故事：榨菜公主。	圖片、中西餐所使用之餐具如：刀、叉、筷子等等。 故事書。	◎會說出中、西餐所使用之餐具不同處。 ◎會對故事內

活動目標	活動內容及過程	資　源	評　量
	二、討論故事的內容。 三、請幼兒說一說有沒有不吃的東西，想想如何解決。		容一同進行討論。
◎認識食物保存的方式。	活動五：保存期限 一、請幼兒發表媽媽從市場買回來的食物如何處理。 二、生活中所見到食物保存的方法有哪些： (1)冷藏法冷凍法：肉、蔬菜。 (2)真空包裝：罐頭類。 (3)醃漬：泡菜、醬瓜。 (4)乾燥、脫水：乾菜、菜脯。 (5)添加防腐劑。 三、討論食品上所標示的有效期限的功能。 四、引導幼兒辨認有效日期、培養習慣。	食物包裝袋、標籤、月、日、年。	◎會辨認食品標示的日期。

表5-26　馬鈴薯大王

單元名稱：馬鈴薯大王			
單元目標			
1. 認識馬鈴薯的構造和生長過程 2. 了解馬鈴薯相關製品及營養價值 3. 學習自己種馬鈴薯			
活動目標	活動內容及過程	資　源	評　量
工作	活動一：做沙拉（大、中、小班適用） 一、認識馬鈴薯的營養價值。		

活動目標	活動內容及過程	資　源	評　量
工作	二、學習簡單的烹飪工作。 ⑾教師和廚房阿姨先煮好馬鈴薯和蛋，並將玉米粒、火腿丁、小黃瓜丁各裝在碗內。 ⑿把馬鈴薯和蛋裝在大碗或鍋子裡，請小朋友幫忙用擀麵棍或大湯匙壓成泥狀。 ⒀請小朋友自由加入玉米粒、火腿丁、小黃瓜丁、葡萄乾及沙拉醬。 ⒁品嘗沙拉，和小朋友討論馬鈴薯的味道和營養價值。 延伸活動：把加了沙拉醬的馬鈴薯泥裝在透明塑膠袋內。	馬鈴薯、玉米粒、火腿丁、小黃瓜丁、雞蛋、鍋子、大碗、大小湯匙、沙拉醬、擀麵棍、葡萄乾	
常識工作	活動二：種馬鈴薯 三、認識馬鈴薯的芽眼。 四、培養實驗、觀察的科學精神。 ⑷教師先引導小朋友觀察馬鈴薯的芽眼，並說明芽眼的功能。 ⑸把馬鈴薯切塊，有些上面有2-3個芽眼，有些沒有芽眼；放一整天陰乾後才可以種。 ⑹把切塊的馬鈴薯種在土裡，或放在棉花沾濕的盤子裡。	馬鈴薯、菜刀、棉花、盤子、花盆、泥土、廣口瓶。	◎能說明馬鈴薯芽眼的功能。 ◎能耐心的觀察、記錄。

活動目標	活動內容及過程	資　源	評　量
常識工作	(7)另外把整顆馬鈴薯放進裝了水的廣口瓶，但只有尾端泡到水。 (8)請小朋友每天觀察比較各個馬鈴薯的生長狀況，生長速度等；中、大班小朋友。 延伸活動：也可以種地瓜、胡蘿蔔等。		
常識	活動三：比一比（大、中、小班適用） 五、認識馬鈴薯和地瓜的不同。 六、能分辨馬鈴薯和地瓜製品。 (4)請小朋友仔細觀察馬鈴薯和地瓜的外形，說出它們的不同，如：有無芽眼、外皮顏色、形狀等。 (5)再把馬鈴薯和地瓜切開，請小朋友說出它們的不同，如：顏色、味道、切面濕黏或乾硬等。 (6)請小朋友品嘗馬鈴薯和地瓜製品，說說它們味道的不同及自己的喜惡。 (7)最後以生態圖片向小朋友說明兩者的不同。	馬鈴薯及其製品（如：薯條、薯片、烤洋芋沙拉、薯球、薯餅等）、地瓜及其製品（如：炸地瓜、烤地瓜、地瓜湯、蜜汁地瓜、地瓜糖、地瓜餅等）、馬鈴薯和地瓜的生態圖片。	◎能分辨馬鈴薯和地瓜的不同。 ◎能說出至少三種馬鈴薯製品。

表5-27　樣樣我都吃

<table>
<tr><td colspan="4" align="center">單元名稱：樣樣我都吃</td></tr>
<tr><td colspan="4" align="center">單元目標</td></tr>
<tr><td colspan="4">1. 了解均衡營養的重要性
2. 知道偏食的害處
3. 具有品嘗各種食物的能力
4. 養成不偏食的習慣
5. 喜歡與人分享食物</td></tr>
<tr><td align="center">活動目標</td><td align="center">活動內容及過程</td><td align="center">資　源</td><td align="center">評　量</td></tr>
<tr><td align="center">常識</td><td>準備活動：
一、蒐集有關本單元的教材、教具。
二、蒐集本單元有關的食物。
三、請家長協助提供食物。
四、布置學習情境
⒂一般布置。
⒃加強布置。
　益智角
　圖片、圖卡
　語文角
　圖書、畫冊
活動一：
一、討論與發展
⑴幼兒介紹自己帶來的食物。
⑵互相交換品嘗。
＊引導幼兒也嘗試不敢吃的食物。
⑶討論進食衛生。
＊輔導幼兒觀察誰是飲食優良的好寶寶，並於餐點後選拔。</td><td>各種食物</td><td>◎多數能將帶來的食物與人分享。
◎敢勇於品嘗不敢吃的食物。</td></tr>
</table>

活動目標	活動內容及過程	資　源	評　量
常識	二、分組（角）活動 (9)工作角食物造型設計 (10)娃娃家 　1. 三明治 　2. 泡牛奶 三、自由選擇其他學習角	吐司麵包、火腿、奶油、蛋、奶粉、溫開水、糖、湯匙、杯子。	◎能說明馬鈴薯芽眼的功能。 ◎能耐心地觀察、記錄。
常識	活動二：營養的食物 一、故事：圓圓的炸雞店 (8)老師說故事複述故事內容 二、討論偏食的害處 ＊如：不吃蔬菜會引起便祕；糖果吃太多會蛀牙。 三、自由發表心得與感想。 四、分組（角）活動 (1)語文角 　閱讀有關偏食的畫冊或圖書。 (9)益智角玩食物的賓果遊戲。 (10)工作角三明治的立體造型。	附教材 圖書 畫冊	◎能說出三個偏食的害處。

幼兒營養與餐點設計

第九節　幼稚園的團膳製備

　　幼稚園的規模小則數十人，大則數百人，大量製備與小量製備上是有所差異的，茲分述如下：

一、大量製備與小量製備的相同處

(一)目的一致

　　無論是大量製備或小量製備，經過烹調後皆可增加食物的美味，並使食物易為人體消化吸收，而經過高溫加熱亦可達到殺菌的目的。

另外，製備的過程中兩種方式皆盡可能保留食物的營養價值，如蔬菜先洗後切，去外皮盡量薄等方法是相同的。

（二）考慮因素相同

供應對象的營養價值、飲食喜好、用具與設備、季節與氣候、預算等，無論是做大量製備或小量製備，在設計菜單時皆應仔細考量。

（三）食物的選購

儲存、製備與烹調方面相同：對於選購食物時品質的判斷不應有所差異，每類食物在儲存時溫度與時間的控制是相同的。烹調時無論在秤量、切法上、烹調詞彙與烹調原理大同小異。

二、大量製備與小量製備的相異點

（一）大量製備比小量製備更注重食物品質與份量的配合，以免失之毫釐，差之千里。

（二）對於市場狀況大量製備更應有明晰的概念，且要擬定更詳細的計畫，以防止採購弊端。

（三）製備方面

大量製備選用較多的機器設備來減輕繁重的工作並節省工作時間，例如煮鍋中即有稱量水量的刻度以得知水量，無須再稱量。

（四）烹調方法不同

大量食物製備大多採用較快速且方便的烹調方法，如炒爆、滷、炸、烤、燴、拌等，烹調所需的時間亦較小量製備長，若將小量食譜改成大量食譜，所需的時間會增加。

（五）預算

大量食物製備對於食物成本、人事費用，及各項費用的控制應更謹慎。小量製備則較易忽略。

（六）員工工作安排

為了有效地使員工的工作能達到最高生產力，員工工作應做好安排，並有良好的工作督導，例如工作區內設備的排列，要考慮減少員工搬運的次數及時間，能用手推就不用搬運；又如利用中央廚房做前處理及綜合調味料的處理，將所需的材料、調味料先稱量混勻，廚房不須再浪費時間，以簡化員工的工作。

二、適合團膳的烹調方法

(一)炒

指將已切好的材料在少量的油中，以普通火候或大火翻拌至熟，沒有太多湯汁，亦無勾芡。在團膳的製備上由於食物的量大，在烹調上應注意下列要訣：

1. 材料的切割大小應要一致，成品的熟度才會一致且較美觀。
2. 不同的食物應要分開處理，最後再拌炒在一起，尤其是難熟的材料應要先燙過或過油。例如芹菜炒肉絲，肉絲必須先過油，起油鍋先炒芹菜再拌入肉絲，不但使肉絲不易因量大需要翻拌太久而過老，亦縮短了烹調的時間。
3. 油量要適當，若油量過少容易使菜燒焦黏於鍋底。

(二)炸

材料在多量熱油中，藉油之滾沸力，使材料致熟。使用的油量要沒過食物，炸好的成品才會酥、鬆、香、脆。炸的方法在團膳烹調上經常使用，烹調時應注意：

1. 材料的大小要一致，炸的時間才易控制。
2. 炸東西時應分批次。團膳使用的鍋子較大，最好每次放入定量的材料，炸好撈起後再放下一批。
3. 油炸之溫度要特別留意，通常在160-170℃，可先放入一小塊材料試油溫，油溫過低，食物會吸油過多；油炸時，可先以大火燒熱油，材料放入後再改中火。
4. 炸好成品，油應要過濾，並迅速於炒菜時用掉；舊油最好勿再用來當炸油，容易影響油炸的品質。

(三)燴

在湯中加入已煮熟或炸熟的材料，以中火煮片刻，再以太白粉水勾芡，使成具有光澤的菜餚。若湯汁中不加醬油則稱清燴，湯中加入醬油則稱為紅燴。

燴菜製作的要訣如下：

1. 水量要適中，烹調過程中可隨時添加。
2. 先調味再勾芡，但酸性材料（如醋、檸檬汁等）應於勾芡後再加入以避免使澱粉分解，太早加入酸會增加勾芡時太白粉的使用量，且不易有濃稠的效果。
3. 太白粉水必須調勻，湯汁滾後慢慢淋入，不可一次倒入，一邊攪拌均勻至湯汁成光滑不具混雜物即完成。
4. 若材料中有蛋液，應於勾芡完成後再淋上拌勻，才能避免蛋過老，所形成之蛋花也較美觀。

(四)烤

材料放入密閉的烤爐或烤箱中，藉火的熱力使食物變熟。中式烤爐是以掛懸吊醃泡好之材料，加熱烤熟；西式烤箱是以烤架平放食物。烤東西時，必定要注意每一種食物所適合之溫差，且烤箱必須要預熱達到溫度後才可使用。

(五)拌

將已處理好的可食材料，加入各種調味料翻覆數次，使材料與調味料能均勻混合，使用拌烹調時材料的搭配、切法及調味料應先準備好，材料煮熟後在供應前才淋上調味料。

(六)煎

將材料放入少量熱油中，用中火慢慢使食物兩面煎成金黃色，並具鬆脆質地者。煎東西時應注意下列事項：

1. 鍋中用具必須要洗乾淨，鍋先熱後再放油，油熱後才放材料，如此食物較不易沾黏於鍋上。
2. 煎東西時忌一面未煎好就翻面，會使食物外形破壞；為避免外形不佳，可將食物先沾少許粉如麵粉，並於一面煎好後再翻面。

3. 食物煎的過程中若油量不足可一邊慢慢加入。

(七)滷

將各種調味料與香辛料加水煮成滷湯，將材料放入滷湯中，經長時間慢火煮，使材料變軟熟並且有香味者，滷湯的量要多，可循環使用。如滷雞翅、滷蛋等。

營養補給站

教育部委託董氏基金會調查全台750家托兒所，結果顯示台灣地區托兒所所提供的點心和午餐，七成托兒所的餐點有高油、高糖的情形，42%托兒所提供含咖啡因的食物。

在幼稚園內高油、高糖的午餐，油炸類如薯條、炸雞塊，高糖如糖醋魚、糖醋里肌，燴炒類如燴飯、咖哩雞、通心麵，點心如方塊酥、養樂多、甜甜圈、炸洋芋片，含咖啡因的點心如可樂、咖啡凍、茶凍。有20%的托兒所提供咖啡給幼童飲用。

幼兒每日需要的食物為全穀根莖類1-2碗，肉、魚、豆、蛋類1-2份，奶類2杯，蔬菜2碟，水果2份，油脂1大匙。幼童飲食要提供較多五穀雜糧飯，烹調方式盡量清淡，用煮、蒸、汆燙的方式，少用油炸、糖醋、醋溜的方式，不用菜湯拌飯。高油、高糖、高鹽的食物，每週不超過三次。鼓勵小孩多喝白開水，不要喝含咖啡因的茶或可樂。

分析討論

幼稚園餐食供應屬於團體膳食製備的範疇，工作員工的衛生、器皿的選購、食物的選購、儲存均為重要課題。因為只要一次疏忽一次食物中毒，就會造成小孩身體的傷害，因此幼稚園的餐食管理是十分重要的一環。

行政院衛生署與職訓局建立了廚師考證制度，已有三十年歲月，近年來也要求在幼兒園工作的廚工須有基本的丙級證照。幼兒園的廚工須參加考照，並定期參加衛生講習，有助於台灣幼兒園供餐人員水準的提升。實際在工作時管理人員應確實做好工作督導才是最重要的，如幼稚園的工作人員衛生、庫房管理、採購、驗收、前製備、烹調、供餐、廚餘等一系列的工作，每日重複性的工作督導，廚房的蟑螂、老鼠、蒼蠅等病蟲管理要有一套好的方法，每日將食物收好，不讓牠們吃，不讓牠們住才能杜絕病蟲入侵。

　　水也是十分重要的，幼兒園不能用地下水而應用自來水，水塔也須每半年清洗一次，注意自來水儲存的地下水儲存池不能有外物污染。

　　要有安全的膳食供應才能使幼兒園的經營成功，管理是幼兒園成功的鑰匙。

延伸思考

1. 幼稚園的膳食管理，除了重視菜單設計、食物採購、烹調、供膳之外，衛生管理是十分重要的一環。
2. 衛生安全中人員操作是相當重要的，鼓勵員工考取國家餐飲的證照。
3. 廚餘的處理要經謹慎處理才可杜絕蟑螂、老鼠之危害。

第六章

幼稚園四季循環菜單

一、幼稚園　春秋季循環菜單

套　數	菜　單
一	米飯、炸雞排、四色沙拉、炒油菜
二	油豆腐細粉
三	米飯、醋溜肉片、蔥炒蛋、炒青江菜
四	米飯、醬爆雞丁、煮玉米段、炒萵苣
五	碗粿、貢丸湯
六	米飯、滷雞腿、糖醋海帶絲、炒雪裡紅
七	擔仔麵
八	米飯、三杯雞、炒綠豆芽、炒油菜
九	肉絲炒米粉
十	米飯、糖醋排骨、炒四寶、炒芥蘭菜
十一	親子飯
十二	米飯、涼拌花枝、黃瓜燴肉片、炒紅蘿蔔
十三	京都排骨飯
十四	米飯、鹽酥雞、紅燴鴿蛋、炒青江菜
十五	滷肉飯
十六	米飯、粉蒸排骨、炒墨魚花、素炒油菜
十七	水餃、酸辣湯
十八	米飯、芝麻雞排、綠蘆筍肉絲、燜絲瓜
十九	什錦炒麵
二十	米飯、香菇扒雞翅、開陽白菜、炒油菜
二十一	芋頭鹹粥
二十二	米飯、酥炸肉、毛豆麵筋、炒菠菜
二十三	素糯米捲、蛋包湯
二十四	米飯、瓜仔肉、三色蛋排、開陽芥蘭菜
二十五	三鮮炒麵
二十六	米飯、豆豉蒸魚、雪菜豆腐、荷包蛋
二十七	米飯、燴肉片、韭菜小捲、素炒青菜
二十八	高麗菜飯
二十九	米飯、炸豬排、綠花椰、炒花枝、蒜爆空心菜
三十	芋頭鹹飯
三十一	米飯、香酥雞塊、珍珠貢丸、黃瓜豆干
三十二	勿仔魚粥
三十三	米飯、五彩蝦仁、蒸蛋、紅燒麵筋
三十四	洋蔥豬排飯

春、秋季菜單1

供應份數：5人份

每份營養表

蛋白質（公克）	脂肪（公克）	醣類（公克）	熱量（大卡）
24	15	65	491

菜單	項目	數量	操作步驟
米飯	米 水	2杯 2杯	米洗淨，加水煮成飯。
炸雞排	雞胸肉 調味料〔醬油 糖 胡椒 麵粉〕	1斤 1/2杯 1小匙 1小匙 1杯	1. 雞胸肉切成5塊，每塊由中央橫刀不切斷，加醃料拌醃。 2. 雞胸肉入油中炸至金黃色。
四色沙拉	馬鈴薯 火腿 小黃瓜 蛋 沙拉醬	1個 2兩 1條 2個 1杯	1. 馬鈴薯洗淨，對切入水中煮軟，剝去外皮切丁。火腿切丁。小黃瓜洗淨去蒂切丁。蛋入水中煮熟，剝去外皮切丁。 2. 將所有材料放碗中淋上沙拉醬拌勻。
沙油菜	油菜 蒜屑 沙拉油 調味料〔鹽 味精〕	半斤 1大匙 1大匙 1小匙 1小匙	1. 油菜洗淨切段。 2. 起油鍋爆香蒜屑，加入油菜段大火炒軟，加調味料拌勻。

第八章　幼稚園四季循環菜單

225

春、秋季菜單2

供應份數：5人份

每份營養表

蛋白質（公克）	脂肪（公克）	醣類（公克）	熱量（大卡）
22	13	70	495

菜單	項目	數量	操作步驟
油豆腐細粉	粉絲	半斤	1. 粉絲泡冷水至脹大。
	大骨	1副	2. 鍋中煮水放入大骨熬煮成高湯。肉絲放入醃肉料拌醃。
	水	5杯	
	肉絲	4兩	3. 將高湯取5杯，加入肉絲、粉絲、油豆腐及小白菜段煮熟，加入調味料及蔥屑。
	醃肉料　醬油	2大匙	
	糖	1小匙	
	太白粉	1大匙	
	油豆腐（小）	10個	
	小白菜	半斤	
	蔥屑	2大匙	
	調味料　鹽	1小匙	
	味精	1小匙	
	麻油	1大匙	

春、秋季菜單3

供應份數：5人份

每份營養表			
蛋白質（公克）	脂肪（公克）	醣類（公克）	熱量（大卡）
24	16	60	480

菜單	項目	數量	操作步驟
米飯	米	2杯	米洗淨，加水煮成飯。
	水	2杯	
醋溜肉片	瘦肉片	半斤	1. 瘦肉片加醃肉料拌醃，過油。
	小黃瓜	1條	2. 小黃瓜切5公分段，再切條。
	醃肉料　醬油	1大匙	3. 鍋中放入綜合調味料煮滾放入肉片、小黃瓜拌勻。
	糖	1小匙	
	太白粉	1大匙	
	綜合調味料　番茄醬	2大匙	
	糖	1大匙	
	水	1杯	
	醬油	2大匙	

菜單	項目		數量	操作步驟
蔥炒蛋	蛋		2個	1. 蛋去外殼打勻,加入蔥屑、鹽、味精拌勻。 2. 鍋中熱油放入蛋液拌炒成蛋塊。
	蔥屑		2大匙	
	鹽		1/2小匙	
	味精		1/2小匙	
	沙拉油		2大匙	
炒青江菜	青江菜		半斤	1. 青江菜洗淨切段。 2. 起油鍋大火炒青江菜加調味料拌勻。
	沙拉油		1大匙	
	調味料	鹽	1/2小匙	
		味精	1/2小匙	

春、秋季菜單4

供應份數:5人份

每份營養表			
蛋白質 (公克)	脂肪 (公克)	醣類 (公克)	熱量 (大卡)
24	15	90	591

菜單	項目		數量	操作步驟
米飯	米		2杯	米洗淨,加水煮成飯。
	水		2杯	
醬爆雞丁	雞胸肉		半斤	1. 雞胸肉切1.5公分正方丁加醃料拌醃過油。小黃瓜切丁、紅蘿蔔切丁,燙滾水。 2. 鍋中熱油爆香蒜屑、甜麵醬,加入雞胸肉丁、紅蘿蔔丁及小黃瓜丁拌勻。
	醃料	蛋白	1個	
		鹽	1/2小匙	
		太白粉	1大匙	
	小黃瓜		1條	
	紅蘿蔔		1/2條	
	調味料	甜麵醬	2大匙	
		蒜屑	2大匙	
		水	2大匙	
	沙拉油		2大匙	
煮玉米段	甜玉米段		半斤	甜玉米段洗淨切段,放入水中煮至熟,取出即可供應。

菜單	項目		數量	操作步驟
素炒青江菜	萵苣		半斤	1. 萵苣洗淨，切段。 2. 鍋中熱油，爆香蒜屑、萵苣段炒軟，加調味料。
	蒜屑		2大匙	
	沙拉油		2大匙	
	調味料	鹽	1小匙	
		味精	1小匙	

春、秋季菜單5

供應份數：5人份

每份營養表			
蛋白質 （公克）	脂肪 （公克）	醣類 （公克）	熱量 （大卡）
22	15	63	475

菜單	項目		數量	操作步驟
碗粿	再來米粉		2杯	1. 再來米粉加2杯冷水形成粉漿，沖入滾水4杯及米漿調味料，形成稠米糊。 2. 起油鍋炒絞肉、碎蘿蔔乾、油蔥酥及調味料拌勻。 3. 取小碗抹少許油，將米糊放八分滿上加絞肉，入蒸籠蒸半小時。 4. 鍋中煮滾醬汁調味料，以太白粉水勾芡至稠，吃時淋醬汁。
	冷水		2杯	
	滾水		4杯	
	調味料（米漿）	鹽	1小匙	
		味精	1小匙	
	沙拉油		1大匙	
	絞肉		4兩	
	碎蘿蔔乾		2兩	
	油蔥酥		2大匙	
	調味料（絞肉）	醬油	1大匙	
		味精	1小匙	
		胡椒粉	1/4小匙	
		麻油	1小匙	
	調味料（醬汁）	醬油	3大匙	
		糖	1大匙	
		水	2杯	
	太白粉水	太白粉	2大匙	
		水	2大匙	

菜單	項目	數量	操作步驟
貢丸湯	貢丸 水 茼蒿菜 調味料 ⎰鹽 ⎱味精	半斤 4杯 4兩 1小匙 1小匙	貢丸放於水中煮滾，加入茼蒿菜並調味。

春、秋季菜單6

供應份數：5人份

每份營養表			
蛋白質 （公克）	脂肪 （公克）	醣類 （公克）	熱量 （大卡）
22	15	60	463

菜單	項目	數量	操作步驟
米飯	米 水	2杯 2杯	米洗淨，加水煮成飯。
滷雞腿	小雞腿 蔥段 調味料 ⎰水 ⎱醬油 ⎱冰糖	5隻 4段 2杯 杯 2大匙	小雞腿洗淨，放入煮鍋中，加入蔥段及調味料，用大火煮滾，改小火燜至雞腿熟。
糖醋海帶絲	海帶絲 薑片 調味料 ⎰糖 ⎱醋 ⎱醬油 ⎱麻油	半斤 1兩 1大匙 1大匙 2大匙 1大匙	1. 海帶絲切成5公分長，洗淨加薑片入滾水中煮軟，取出。 2. 調味料拌勻，淋入海帶絲中，泡15分。
炒雪裡紅	雪裡紅 沙拉油 調味料 ⎰糖 ⎱味精 ⎱薑末	半斤 2大匙 1小匙 1小匙 1/2小匙	1. 雪裡紅洗淨剁碎。 2. 起油鍋放入切碎的雪裡紅，加調味料拌勻。

供應份數：5人份

每份營養表			
蛋白質 （公克）	脂肪 （公克）	醣類 （公克）	熱量 （大卡）
22	17	62	489

菜單	項目	數量	操作步驟
米飯	米 水	2杯 2杯	米洗淨，加水煮成飯。
擔仔麵	油麵 肉燥 ｛絞肉 油蔥 香菇｝ 滷蛋 貢丸 綠豆芽 韭菜 蝦子 胡椒粉 大骨 水 調味料 ｛鹽 味精 糖｝ 香菜屑	1.5斤 150g 2大匙 1兩 5個 1斤 半斤 150g 4兩 1小匙 1副 5杯 1小匙 1小匙 1小匙 3大匙	1. 香菇泡軟切丁，與油蔥一起爆香加絞肉，醬油、水煮開。 2. 蛋與貢丸也一起放入肉燥中滷。 3. 蝦子燙熟。 4. 油麵、豆芽、韭菜燙過分別放碗中。 5. 大骨熬好湯，加調味料。 6. 加入高湯於麵中，放肉燥、滷蛋、貢丸，及蝦子，撒上胡椒粉及香菜屑。

供應份數：5人份

每份營養表			
蛋白質 （公克）	脂肪 （公克）	醣類 （公克）	熱量 （大卡）
22	15	60	463

菜單	項目	數量	操作步驟
米飯	米 水	2杯 2杯	米洗淨，加水煮成飯。
三杯雞	雞肉（肉雞） 老薑（切片） 蒜頭 調味料 { 麻油 醬油 酒 糖 } 水 九層塔	半隻 4兩 2兩 1杯 1杯 1杯 1大匙 2杯 1兩	1. 雞肉洗淨切塊。薑切片、蒜頭拍碎。 2. 鍋中放麻油爆香薑片、蒜頭放入雞塊及醬油、酒、糖水煮滾，改小火煮軟，撒上九層塔。
炒雙絲	高麗菜 紅蘿蔔 沙拉油 調味料 { 鹽 味精 糖 }	半斤 4兩 2大匙 1小匙 1小匙 1小匙	1. 高麗菜洗淨、紅蘿蔔削去外皮均切絲。 2. 起油鍋將高麗素絲、紅蘿蔔絲炒軟，加調味料。
炒油菜	油菜 蒜屑 沙拉油 調味料 { 鹽 味精 }	半斤 2大匙 2大匙 1/2小匙 1/2小匙	1. 油菜洗淨切段。 2. 起油鍋爆蒜屑，加入油菜段及調味料拌勻。

春、秋季菜單9

供應份數：5人份

每份營養表			
蛋白質 （公克）	脂肪 （公克）	醣類 （公克）	熱量 （大卡）
20	15	95	595

菜單	項目	數量	操作步驟
肉絲炒米粉	細　米　粉（乾）	1斤 4兩	1. 米粉泡於冷水中。 2. 起油鍋爆香紅蔥頭屑，加入洋蔥絲炒軟，放入肉絲、紅蘿蔔絲、香菇絲、高麗菜絲及調味料，煮滾後放入米粉拌勻。 3. 米粉拌勻時切忌將米粉鏟斷。
	肉絲	4兩	
	洋蔥絲	2兩	
	紅蘿蔔絲	1兩	
	香菇絲	4兩	
	高麗菜絲	4大匙	
	紅蔥頭屑	3大匙	
	沙拉油	2杯	
	調味料 ⎰ 水	3大匙	
	醬油	1小匙	
	糖	1小匙	
	鹽	1/2小匙	
	胡椒粉		

春、秋季菜單10

供應份數：5人份

每份營養表			
蛋白質（公克）	脂肪（公克）	醣類（公克）	熱量（大卡）
20	15	60	455

菜單	項目	數量	操作步驟
米飯	米 水	2杯 2杯	米洗淨，加水煮成飯。
糖醋排骨	小排骨	半斤	1. 小排骨切成小段，加醃料拌醃15分鐘，入油中炸至金黃色。 2. 鍋中爆香蒜屑，加入排骨及調味料拌勻。
	醃料 ⎰ 醬油	2大匙	
	糖	1小匙	
	太白粉	2大匙	
	麵粉	2大匙	
	糖醋調味料 ⎰ 蒜屑	1小匙	
	糖	1大匙	
	醋	1大匙	
	麻油	1大匙	
	鹽	1/2大匙	

菜單	項目		數量	操作步驟
炒四寶	玉米粒		2兩	1. 玉米粒、青豆仁、紅蘿蔔丁燙水煮軟。 2. 鍋中放沙拉油，將洋蔥丁炒軟，加入燙好的玉米粒、青豆仁、紅蘿蔔丁及調味料。
	青豆仁		2兩	
	紅蘿蔔		2兩	
	洋蔥丁		2兩	
	沙拉油		1大匙	
	調味料	鹽	1/2小匙	
		味精	1/2小匙	
炒芥蘭菜	芥蘭菜		半斤	1. 芥蘭菜洗淨切段。 2. 起油鍋，炒芥蘭菜段至軟，加調味料拌勻。
	沙拉油		1大匙	
	調味料	鹽	1/2小匙	
		味精	1/2小匙	
		糖	1/2小匙	
		酒	1大匙	

春、秋季菜單11

供應份數：5人份

每份營養表			
蛋白質（公克）	脂肪（公克）	醣類（公克）	熱量（大卡）
29	15	65	511

菜單	項目		數量	操作步驟
親子飯	米		2杯	1. 米洗淨加水煮成飯。雞胸肉切0.5公分條，洋蔥切絲。魚板切片。 2. 鍋中先煮調味料，加入洋蔥煮軟，放雞肉條煮至肉熟，加魚板、青豆仁、玉米粒，煮滾以太白粉汁勾芡，淋上蛋液。 3. 米飯放碗中，淋上煮好的燴汁。
	水		2杯	
	洋蔥		4兩	
	雞胸肉		半斤	
	雞蛋		5個	
	魚板		4兩	
	青豆仁		2兩	
	玉米粒		2兩	
	調味料	水	4杯	
		醬油	4大匙	
		糖	2大匙	
		鹽	1小匙	

菜單	項目		數量	操作步驟
親子餃	太白粉水	太白粉 水	3大匙 3大匙	

春、秋季菜單12

供應份數：5人份

每份營養表			
蛋白質 （公克）	脂肪 （公克）	醣類 （公克）	熱量 （大卡）
22	15	60	463

菜單	項目		數量	操作步驟
米飯	米 水		2杯 2杯	米洗淨，加水煮成飯
涼拌花枝	花枝 調味料（醬汁）	 蒜泥 醬油膏 細砂糖	半斤 1大匙 1大匙 1小匙	1. 花枝去外膜洗淨，由內部切交叉斜刀，切3×5公分大小。 2. 鍋中煮水，水滾放入花枝片連汆燙，取出放盤中，淋上醬汁調味料。
黃瓜燴肉片	肉片 小黃瓜 醃料 沙拉油 調味料	 醬油 糖 太白粉 醬油 糖	4兩 1條 1小匙 1小匙 1小匙 1大匙 1大匙 1小匙	1. 肉片加醃料拌醃。小黃瓜去頭尾，切片。 2. 鍋中熱油炒肉片，加入小黃瓜片及調味料拌勻。
炒紅蘿蔔	紅蘿蔔 沙拉油 調味料	 鹽 味精	半斤 1大匙 1/2小匙 1/2小匙	1. 紅蘿蔔去皮，刨絲。 2. 起油鍋將紅蘿蔔絲炒軟，加調味料。

供應份數：5人份

每份營養表			
蛋白質 （公克）	脂肪 （公克）	醣類 （公克）	熱量 （大卡）
22	15	60	463

菜單	項目		數量	操作步驟
米飯	米 水		2杯 2杯	米洗淨，加水煮成飯。
京都排骨	小排		12兩	1. 小排切成5公分段，每一根排骨切開，再切成3公分後，加醃料拌醃15分鐘，以熱油中炸黃。 2. 鍋中放入調味料，煮滾後拌入炸好的排骨，以太白粉水勾芡。
	醃料	醬油	2大匙	
		糖	1小匙	
		味精	1小匙	
		麵粉	3大匙	
		太白粉	2大匙	
	調味料	水	2杯	
		醬油	1/4杯	
		番茄醬	1/4杯	
		糖	2大匙	
		鹽	1小匙	
		味精	1小匙	
	太白粉水	太白粉	1小匙	
		水	1小匙	
炒青江菜	青江菜		半斤	1. 青江菜洗淨切段。 2. 鍋中熱油，爆香蒜屑加青江菜段拌炒加調味料拌勻即可。
	沙拉油		2大匙	
	蒜屑		2大匙	
	調味料	鹽	1/2小匙	
		味精	1/2小匙	

第八章　幼稚園四季循環菜單

235

每份營養表			
蛋白質 （公克）	脂肪 （公克）	醣類 （公克）	熱量 （大卡）
20	15	60	455

菜單	項目		數量	操作步驟
米飯	米 水		2杯 2杯	米洗淨，加水煮成飯
鹽酥雞	雞胸肉		1斤	雞胸肉切成5塊，加醃料拌醃15分鐘，入油中炸至金黃色。
	醃料	醬油	2大匙	
		糖	1小匙	
		胡椒	1/4小匙	
		太白粉	2大匙	
		麵粉	2大匙	
		番薯粉	2大匙	
紅燴鴿蛋	蛋		10粒	鴿蛋、筍片、紅蘿蔔片及調味料煮滾，以太白粉勾芡。
	筍片		2兩	
	紅蘿蔔乾		2兩	
	小黃瓜		2兩	
	調味料	醬油	2大匙	
		糖	1小匙	
		水	1/2杯	
		鹽	1/2小匙	
	太白粉水	太白粉	2大匙	
		水	2大匙	
炒青江菜	江菜		半斤	1. 青江菜洗淨切段。 2. 起油鍋爆蒜屑，大火炒青江菜段加調味料拌勻。
	蒜屑		1大匙	
	沙拉油		1大匙	
	調味料	鹽	1/2小匙	
		味精	1/2小匙	

幼兒營養與餐點設計

春、秋季菜單15

每份營養表			
蛋白質 （公克）	脂肪 （公克）	醣類 （公克）	熱量 （大卡）
25	15	70	515

菜單	項目		數量	操作步驟
滷肉飯	米		2杯	1. 米洗淨，加水煮成飯。 2. 三層肉切成5塊，加入滷汁調味料以小火熬煮至軟。 3. 大白菜切5公分段，起油鍋炒香蝦米放入大白菜段煮軟以鹽、味精調味。 4. 小黃瓜切圓薄片，加入糖醋調味料拌醃20分鐘。 5. 取碗先將飯盛入，上放一塊滷肉、開陽白菜及糖醋小黃瓜片。
	水		2杯	
	三層肉		12兩	
	滷汁調味料	水	1杯	
		醬油	1/2杯	
		酒	1大匙	
		冰糖	1小匙	
		味精	1小匙	
	大白菜		半斤	
	蝦米		1兩	
	小黃瓜		3條	
	糖醋調味料	糖	3大匙	
		白醋	3大匙	
		鹽	1小匙	
		麻油	1大匙	

春、秋季菜單16

供應份數：5人份

每份營養表			
蛋白質 （公克）	脂肪 （公克）	醣類 （公克）	熱量 （大卡）
22	15	65	483

菜單	項目	數量	操作步驟
米飯	米	2杯	米洗淨，加水煮成飯。
	水	2杯	

菜單	項目		數量	操作步驟
粉蒸排骨	小排骨		1斤	1. 小排骨切成2公分長,加醃料醃20分鐘。
	醃料	豆瓣醬	1大匙	2. 蒸肉粉平鋪,將小排骨外沾蒸肉粉。
		醬油	2大匙	
		糖	1小匙	3. 將排骨放入蒸碗中,大火蒸40分鐘。
		酒	1小匙	
	蒸肉粉		3小包	
炒墨魚花	新鮮墨魚		1條	1. 新鮮墨魚去外膜、內臟,洗淨內部切交叉斜紋後切成3×5公分大小,入滾水中汆燙速取出。小黃瓜、紅蘿蔔切薄長片。
	小黃瓜		1條	
	紅蘿蔔		條	
	油		2大匙	
	蒜屑		2大匙	
	調味料	醬油	1大匙	2. 起油鍋爆香蒜屑,加入墨魚、黃瓜片、紅蘿蔔片及調味料拌勻。
		白醋	1大匙	
		糖	1大匙	
		酒	1大匙	
		麻油	1大匙	
炒油菜	油菜		半斤	1. 油菜洗淨切段。
	蒜屑		1大匙	2. 起油鍋爆香蒜屑,加入油菜段及調味料拌勻。
	沙拉油		1大匙	
	調味料	鹽	1/2小匙	
		味精	1/2小匙	

春、秋季菜單17

供應份數:5人份

每份營養表			
蛋白質(公克)	脂肪(公克)	醣類(公克)	熱量(大卡)
20	15	60	455

菜單	項目		數量	操作步驟
水餃	中筋麵粉		2杯	1. 中筋麵粉放盆中，加入冷水和成麵
	冷水		1/4杯	糰，醒15分鐘後擀成長條，切成2
	絞肉		半斤	公分長麵臍，稍壓成圓形擀成薄圓
	韭菜		半斤	片。
	調味料	醬油	1大匙	2. 韭菜切碎稍擠去水分，加入絞肉及
		鹽	1小匙	調料拌勻。
		太白粉	1大匙	3. 將肉餡放於麵皮上包起黏合成餃子
		胡椒	1/2大匙	形。
		麻油	1大匙	4. 鍋中煮水，水滾放入餃子煮滾加一 杯水，再煮滾即可撈出。
酸辣湯	瘦肉		2兩	
	豆腐		1塊	
	雞血		1塊	
	筍絲		1兩	
	紅蘿蔔絲		1兩	
	蛋		1個	1. 瘦肉切絲加少許太白粉拌勻。豆腐
	水		4杯	先橫刀再切絲。雞血切絲。
	調味料	醬油	大匙	2. 鍋中煮水，放入肉絲、豆腐、雞
		糖	1小匙	血、筍絲、紅蘿蔔，加調味料，以
		鹽	1/2小匙	太白粉水勾芡，淋上蛋液，撒上蔥
		味精	1/2小匙	屑。
	麻油		1小匙	
	太白粉水	太白粉	3大匙	
		水	3大匙	
	蔥屑		3大匙	

春、秋季菜單18

供應份數：5人份

每份營養表			
蛋白質	脂肪	醣類	熱量
（公克）	（公克）	（公克）	（大卡）
24	15	75	591

菜單	項目	數量	操作步驟
米飯	米 水	2杯 2杯	米洗淨，加水煮成飯。
芝麻雞排	雞胸肉 肥肉 吐司 黑芝麻 調味料｛蛋白 太白粉 鹽 酒 味精	12兩 2兩 8片 1小匙 1個 1大匙 1小匙 1大匙 1小匙	1. 雞胸肉去皮、去骨，加入肥肉，剁成泥狀，加調味料拌勻。 2. 吐司去硬邊，中央抹雞肉泥，上撒少許黑芝麻，對切成三角形。 3. 鍋中熱油，抹肉泥面朝下炸至吐司成金黃色。
綠蘆筍肉絲	肉絲 綠蘆筍 沙拉油 調味料｛鹽 味精	2兩 半斤 1大匙 1/2小匙 1/2小匙	1. 蘆筍剝除外皮。 2. 鍋中熱油炒熟肉絲，加入綠蘆筍段大火拌炒，加調味料。
燜絲瓜	絲瓜 蔥段 沙拉油 水 調味料｛鹽 味精	1斤 4段 1大匙 1/4杯 1/2小匙 1/2小匙	1. 絲瓜削去外皮，切半圓片。 2. 起油鍋，爆香蔥段及加水煮滾，放入絲瓜片及調味料。

春、秋季菜單19

供應份數：5人份

每份營養表			
蛋白質 （公克）	脂肪 （公克）	醣類 （公克）	熱量 （大卡）
17.5	20.5	30	336

菜單	項目		數量	操作步驟
什錦炒麵	油麵		1.5斤	1. 瘦肉絲洗淨。香菇泡水後去硬蒂切細絲。蝦米泡水。韭菜切成4公分段。 2. 鍋中熱油，放入瘦肉絲炒熟，加入香菇絲、蝦米及調味料，煮滾後放入油麵及綠豆芽、韭菜翻拌即可。
	瘦肉絲		6兩	
	香菇		2朵	
	蝦米		1兩	
	綠豆芽		4兩	
	韭菜		2兩	
	調味料	醬油	1大匙	
		水	1杯	
		鹽	1小匙	
		味精	1小匙	
		黑醋	1大匙	
		糖	1大匙	
	沙拉油		2大匙	

春、秋季菜單20

供應份數：5人份

每份營養表			
蛋白質（公克）	脂肪（公克）	醣類（公克）	熱量（大卡）
22	15	60	463

菜單	項目		數量	操作步驟
米飯	米		2杯	米洗淨，加水煮成飯。
	水		2杯	
香菇扒雞翅	香菇		5朵	1. 香菇泡水，去硬莖，一切為四。雞翅泡1大匙醬油，放入油中炸黃。 2. 鍋中放沙拉油，爆香蔥段、薑片，加入雞翅、香菇及調味料，煮滾後改小火燜至汁稠。
	雞翅		5隻	
	調味料	醬油	3大匙	
		蔥段	3段	
		薑片	3片	
		水	1杯	
	酒		1大匙	
	糖		大匙	
	沙拉油		1大匙	

菜單	項目		數量	操作步驟
開陽白菜	大白菜		12兩	1. 大白菜剝取葉子，洗淨後切段。蝦米泡水，濾出。 2. 起油鍋爆香蝦米，加入白菜段煮軟，加調味料，以太白粉水勾芡。
	蝦米		1兩	
	沙拉油		2大匙	
	調味料	鹽	1小匙	
		味精	1小匙	
		糖	1小匙	
	太白粉水	太白粉	1小匙	
		水	1小匙	
炒油菜	菜心		半斤	1. 油菜洗淨，切段。 2. 起油鍋爆香蒜屑，加入油菜段大火炒軟，加調味料。
	蒜屑		1大匙	
	沙拉油		2大匙	
	調味料	鹽	1/2小匙	
		味精	1/2小匙	

春、秋季菜單21

供應份數：5人份

每份營養表			
蛋白質 （公克）	脂肪 （公克）	醣類 （公克）	熱量 （大卡）
15	20	60	480

菜單	項目		數量	操作步驟
芋頭鹹粥	米		1杯	1. 米洗淨加水熬煮成粥。 2. 芋頭削除外皮切成2公分正方丁。瘦肉切小丁。紅蘿蔔切小丁。 3. 起油鍋炒肉丁至熟，加入芋頭丁、蝦米炒香，將材料放入粥內熬煮，加入青豆仁及玉米粒並調味。 4. 油條切1.5公分後，稍過油。香菜洗淨切碎。 5. 粥放碗中，上加香菜及油條段。
	水		8杯	
	芋頭		1斤	
	瘦肉		4兩	
	蝦米		1兩	
	紅蘿蔔		2兩	
	青豆仁		2兩	
	玉米粒		2兩	
	調味料	鹽	1小匙	
		味精	1小匙	

菜單	項目	數量	操作步驟
	油條	2條	
	香菜	1兩	
	沙拉油	2大匙	

春、秋季菜單22

供應份數：5人份

每份營養表			
蛋白質 （公克）	脂肪 （公克）	醣類 （公克）	熱量 （大卡）
19	8	60	388

菜單	項目	數量	操作步驟
米飯	米 水	2杯 2杯	米洗淨，加水煮成飯。
酥炸肉	三層肉 醃料｛紅糖 麵粉 糖 水	半斤 2大匙 1/2杯 1小匙 2大匙	1. 三層肉整片加入醃料拌醃1小時。 2. 鍋中熱油3杯，油熱放入肉炸酥，待涼切片。
毛豆麵筋	毛豆 油麵筋 水 調味料｛醬油 糖	3兩 2兩 1杯 2大匙 2小匙	1. 毛豆去外膜，洗淨入滾水中煮軟。油麵筋燙滾水。 2. 鍋中放水及調味料煮滾後加入油麵筋煮入味，加毛豆拌勻。
炒菠菜	菠菜 蒜屑 沙拉油 調味料｛鹽 味精	半斤 1大匙 1大匙 1/2小匙 1/2小匙	1. 菠菜洗淨切段。 2. 起油鍋放入蒜屑炒香，加菠菜段炒軟，再調味。

供應份數：5人份

每份營養表			
蛋白質 （公克）	脂肪 （公克）	醣類 （公克）	熱量 （大卡）
22	15	65	483

菜單	項目		數量	操作步驟
素糯米捲	長糯米		2杯	1. 長糯米洗淨，加水煮成飯。 2. 油炸花生米去外膜，用擀麵棍壓碎。青豆仁滾水燙熟。香菇去硬莖切丁。 3. 起油鍋炒紅蘿蔔絲、青豆仁、香菇丁並加入調味料煮滾，加花生粉拌入糯米飯。 4. 豆腐皮切成1/4張，每張中央鋪入拌好的糯米飯，封口以太白粉水黏合，放入少許油的煎鍋中兩面煎黃，再斜切成菱形塊。
	水		1杯	
	油炸花生米		1兩	
	紅蘿蔔絲		1兩	
	香菜屑		1/2兩	
	青豆仁		1兩	
	香菇（已泡好）		1兩	
	水		1/4杯	
	調味料	鹽	1小匙	
		味精	2小匙	
		糖	1小匙	
		胡椒粉	1/4小匙	
		麻油	1大匙	
		醬油	1大匙	
		太白粉	1大匙	
	豆腐皮		5張	
蛋包湯	蛋		5個	將水煮滾，蛋去殼放入水中煮成一個個蛋包，加入小白菜及調味料調味。
	小白菜		4兩	
	水		4杯	
	調味料	鹽	1/2小匙	
		味精	1/2小匙	
		麻油	1小匙	

供應份數：5人份

每份營養表			
蛋白質 （公克）	脂肪 （公克）	醣類 （公克）	熱量 （大卡）
19	16	60	460

菜單	項目		數量	操作步驟
米飯	米 水		2杯 2杯	米洗淨，加水煮成飯。
瓜仔肉	蔭瓜 絞肉兩 蔥屑 太白粉 醬油 糖 水		60g 180g 2大匙 1大匙 3大匙 2大匙 2杯	1. 蔭瓜剁碎擠去多餘水分，加入絞肉、太白粉拌勻使有黏性後，做成一個個小肉丸蒸熟。 2. 醬油、糖、水煮滾後加入蒸熟的肉丸燒至有醬色、供應時撒上蔥花。
三色蛋排	胡蘿蔔 芹菜 蛋 調味料	 鹽 味精 胡椒	75g 75g 5個 1/2小匙 1/2小匙 1/8小匙	1. 胡蘿蔔去皮洗淨，芹菜去葉，分別切屑。 2. 蛋打散加調味料，放入胡蘿蔔屑、芹菜屑拌勻。 3. 平底鍋加油，倒入蛋液煎成蛋皮，切塊即可。
開陽芥蘭菜	芥蘭菜 蝦米 鹽 味精 太白粉水	 太白粉 水	半斤 1兩 1/2小匙 1/2小匙 1大匙 1大匙	1. 芥蘭菜洗淨切段，蝦米泡軟。 2. 起油鍋爆炒蝦米，放入芥蘭菜炒綠，加水1杯爛軟調味，勾芡即成。

春、秋季菜單25

供應份數：5人份

每份營養表			
蛋白質（公克）	脂肪（公克）	醣類（公克）	熱量（大卡）
14	18	32	346

菜單	項目	數量	操作步驟
三鮮炒麵	細麵條 瘦肉片 海參 墨魚 蝦仁 高麗菜 紅蘿蔔 調味料 ｛ 水 醬油 鹽 味精 糖 沙拉油	1.5斤 6兩 1條 半斤 4兩 4兩 2兩 1杯 2大匙 2小匙 1小匙 1小匙 1大匙	1. 細麵條放入滾水中煮熟撈起，加1大匙油拌勻。 2. 海參去腸泥，對切後切細絲。墨魚去內臟外皮，在內面切交叉刀紋，再切成3公分正方塊。蝦仁抽腸泥以水沖洗乾淨。高麗菜、紅蘿蔔切細絲。 3. 以3大匙油熱油鍋，將肉片炒熟，加入海參、墨魚、蝦仁拌炒，放高麗菜絲、紅蘿蔔絲及調味料煮滾，放入煮熟之麵條拌勻。

春、秋季菜單26

供應份數：5人份

246

每份營養表			
蛋白質（公克）	脂肪（公克）	醣類（公克）	熱量（大卡）
16	15	60	439

菜單	項目	數量	操作步驟
米飯	米 水	2杯 2杯	米洗淨，加水煮成飯。
豆豉蒸魚	吳郭魚 豆豉 蔥段	1條 3大匙 2支	

幼兒營養與餐點設計

菜單	項目	數量	操作步驟
豆豉蒸魚	薑片 酒 鹽 味精	2片 1大匙 1/2小匙 1/2小匙	吳郭魚洗淨,劃兩刀,以酒、蔥、薑、鹽、味精及豆豉平均鋪在魚身上,以蒸籠蒸之。至魚肉熟透即可。
雪菜豆腐	雪菜 豆腐 鹽 味精 糖 太白粉	4兩 2塊 1/2小匙 1/2小匙 1小匙 1大匙	1. 雪菜洗淨,切小段,豆腐切小塊。 2. 起油鍋,先炒雪菜,再炒豆腐,並調味。起鍋前,以太白粉水勾芡即可。
荷包蛋	雞蛋 鹽	5個 1小匙	起油鍋,打入雞蛋,並加少許鹽,煎至焦黃再翻面即可。

春、秋季菜單27

供應份數:5人份

每份營養表			
蛋白質 (公克)	脂肪 (公克)	醣類 (公克)	熱量 (大卡)
22	15	60	463

菜單	項目	數量	操作步驟
米飯	米 水	2杯 2杯	米洗淨,加水煮成飯。
燴肉片	里肌肉片 鴿蛋 筍片 紅蘿蔔片 小黃瓜片 水 調味料 { 醬油 糖 麻油 鹽	4兩 5顆 2兩 2兩 2兩 4杯 2大匙 1小匙 1大匙 1/2大匙	起油鍋,炒香蒜屑及肉片,加入鴿蛋、筍片、紅蘿蔔片及水煮滾,加入調味料,以太白粉水勾芡,拌入小黃瓜中。

菜單	項目		數量	操作步驟
燴肉片	太白粉水 { 太白粉 / 水		1大匙 / 1大匙	
韭菜小卷	小卷		4兩	1. 小卷洗淨。韭菜花洗淨切段。
	韭菜花		2兩	2. 鍋中熱油，炒小捲及韭花菜，加調味料拌勻。
	沙拉油		1大匙	
	調味料 { 鹽 / 味精		1/4小匙 / 1/4小匙	
素炒青江菜	青江菜		半斤	1. 青江菜洗淨切段。
	沙拉油		1大匙	2. 起油鍋以大火炒青江菜段加調味料拌勻。
	調味料 { 鹽 / 味精		1/2小匙 / 1/2小匙	

春、秋季菜單28

供應份數：5人份

每份營養表			
蛋白質（公克）	脂肪（公克）	醣類（公克）	熱量（大卡）
15	15	60	435

菜單	項目		數量	操作步驟
高麗菜飯	米		2杯	1. 米洗淨。肉、香菇、高麗菜、紅蘿蔔切成1公分正方丁。
	水		1杯	
	肉丁		5兩	
	香菇丁		2兩	
	高麗菜		4兩	
	紅蘿蔔丁		2兩	2. 起油鍋爆香油蔥酥、肉丁、蝦米、香菇丁、高麗菜絲、紅蘿蔔丁，加水、調味料及米拌勻。
	蝦米		2兩	
	油蔥酥		3大匙	
	沙拉油		3大匙	3. 將拌好的米及材料放入電鍋煮熟。
	調味料 { 醬油		3大匙	
	鹽		1小匙	
	味精		1小匙	
	糖		1小匙	

供應份數：5人份

每份營養表			
蛋白質 （公克）	脂肪 （公克）	醣類 （公克）	熱量 （大卡）
18	16	62	464

菜單	項目	數量	操作步驟
米飯	米 水	2杯 2杯	米洗淨，加水煮成飯。
炸豬排	豬肉 醃肉料｛醬油 太白粉 水 嫩精 太白粉 蛋 麵包粉	12兩 2大匙 3大匙 1/4杯 1/2杯 1/2杯 2個 1/2杯	1. 豬肉切成5薄片，以肉槌拍打後用醃料醃。 2. 將醃好的肉片，先沾太白粉再沾蛋液，最後裹上麵包粉。 3. 熱油鍋，以中火炸至熟透即可。
綠花椰炒花枝	綠花椰菜 花枝 調味料｛鹽 味精	半斤 4兩 1/2小匙 1/2小匙	1. 花椰菜洗淨，切成小段，燙熟備用。 2. 花枝洗淨，在內膜劃出交叉刀橫後切成小塊狀。 3. 熱油鍋，先炒花枝至捲起後再加入花椰菜，並調味即可。
蒜爆空心菜	空心菜 蒜頭 調味料｛鹽 味精	1斤 4粒 1/2小匙 1/2小匙	1. 空心菜洗淨、切段。蒜頭拍碎。 2. 熱油鍋，以大火先爆香蒜頭再加入空心菜，調味即可。

249

春、秋季菜單30

每份營養表			
蛋白質 （公克）	脂肪 （公克）	醣類 （公克）	熱量 （大卡）
19	15	90	571

菜單	項目	數量	操作步驟
芋頭鹹飯	米	2杯	1. 米洗淨。芋頭、紅蘿蔔去外皮切1公分丁。 2. 蝦米泡水，起油鍋爆香蝦米及油蔥酥，放肉丁、芋頭丁、紅蘿蔔丁炒香，加入水及洗好的米及調味料拌勻，放入電鍋中煮熟。
	水	2杯	
	肉丁	5兩	
	芋頭	1個	
	紅蘿蔔	4兩	
	青豆仁	4兩	
	調味料 ⎰ 醬油	3大匙	
	糖	1小匙	
	鹽	1小匙	
	味精	1小匙	
	沙拉油	3大匙	
	油蔥酥	3大匙	
	蝦米	2大匙	

春、秋季菜單31

每份營養表			
蛋白質 （公克）	脂肪 （公克）	醣類 （公克）	熱量 （大卡）
18	16	60	456

菜單	項目	數量	操作步驟
米飯	米	2杯	米洗淨，加水煮成飯。
	水	2杯	

菜單	項目		數量	操作步驟
香酥雞塊	雞胸肉 炸雞粉 醃料 { 醬油 蛋 胡椒粉 鹽		1斤 1包 2大匙 1個 2大匙 1小匙	1. 雞胸肉洗淨剁塊，以醬油、蛋液醃20分鐘。 2. 醃好的肉，沾上炸雞粉至油鍋中炸至金黃。 3. 撒上胡椒鹽。
珍珠貢丸	貢丸 甜玉米粒 胡蘿蔔 碗豆仁 蔥 調味料 { 鹽 味精 香油		150g 100g 100g 100g 1根 1小匙 1小匙 1小匙	1. 貢丸切0.5公分小丁，胡蘿蔔去皮切0.5公分小丁，蔥切蔥花。 2. 碗豆仁燙熟。 3. 起油鍋，炒胡蘿蔔丁、碗豆、玉米、貢丸、蔥花，調味即可。
黃瓜豆干	豆干 小黃瓜 調味料 { 鹽 味精		半斤 半斤 1/2小匙 1/2小匙	1. 小黃瓜切成段。 2. 豆干切條。 3. 起油鍋，將芹菜炒香，加豆干、調味即可。

春、秋季菜單32

供應份數：5人份

每份營養表			
蛋白質 （公克）	脂肪 （公克）	醣類 （公克）	熱量 （大卡）
12	10	35	278

菜單	項目		數量	操作步驟
勿仔魚粥	米 水 肉絲 勿仔魚 菠菜 芹菜屑 調味料 { 鹽 味精		1杯 8杯 4兩 3兩 4兩 2大匙 1小匙 1小匙	米洗淨加水熬成粥，加入肉絲、勿仔魚、菠菜段及調味料供應時撒上芹菜屑。

供應份數：5人份

每份營養表			
蛋白質 （公克）	脂肪 （公克）	醣類 （公克）	熱量 （大卡）
18	16	60	456

菜單	項目	數量	操作步驟
米飯	米 水	2杯 2杯	米洗淨，加水煮成飯。
五彩蝦仁	蝦仁 玉米粒 胡蘿蔔丁 青豆仁 豆干丁 鹽 味精	6兩 3兩 2兩 2兩 2兩 1/2小匙 1/2小匙	1. 蝦仁以少許太白粉醃一下。 2. 煮滾水，將玉米粒、胡蘿蔔丁、青豆仁、豆干丁殺菁。 3. 起油鍋，先炒蝦仁，再炒其他材料，並調味即可。
蒸蛋	雞蛋 水 火腿屑 蔥花 鹽 味精	5個 3杯 1大匙 1大匙 1/2小匙 1/2小匙	1. 雞蛋打散後加水，裝在大磁碗內，以鹽、味精調味後，以小火蒸熟。 2. 起鍋前撒上火腿屑、蔥花即可。
紅燒麵筋	麵筋 醬油 糖 鹽 味精	3兩 2大匙 1大匙 1/2小匙 1/2小匙	湯鍋中煮水，加入麵筋、醬油、糖、鹽、味精，以小火燉。

供應份數：5人份

每份營養表			
蛋白質 （公克）	脂肪 （公克）	醣類 （公克）	熱量 （大卡）
22	13	70	485

菜單	項目		數量	操作步驟
洋蔥豬排飯	米		2杯	1. 米洗淨，加水煮成飯。 2. 豬排切成5片，稍用刀背拍鬆，加入醃料拌醃。平鍋放油，將豬排兩面煎熟，取出豬排，放入洋蔥絲炒軟，加入洋菇片調味料及豬排，煮滾以太白粉勾芡。 3. 將菠菜洗淨切段，以少許油速炒至熟。 4. 小盤放煮熟的飯，加入洋蔥豬排及炒好的菠菜。
	水		2杯	
	豬排		12兩	
	調味料	醬油	2大匙	
		酒	1大匙	
		太白粉	1大匙	
	洋蔥絲		1杯	
	洋菇片		4兩	
	沙拉油		5大匙	
	調味料	醬油	4大匙	
		番茄醬	3大匙	
		糖	3大匙	
		味精	1小匙	
		水	1杯	
	太白粉水	太白粉	1大匙	
		水	1大匙	
	菠菜		半斤	
	沙拉抽		1大匙	
	調味料	鹽	1/2小匙	
		味精	1/2小匙	

每份營養表			
蛋白質 （公克）	脂肪 （公克）	醣類 （公克）	熱量 （大卡）
18	16	62	464

菜單	項目	數量	操作步驟
米飯	米 水	2杯 2杯	米洗淨，加水煮成飯。
軟炸魚條	魚肉 醃料〔醬油 酒 薑片 沾料〔蛋 麵粉 香菜	12兩 2大匙 1大匙 2片 1個 1/2杯 少許	1. 魚選無骨魚肉，以醃料醃。 2. 將醃好魚，先沾蛋液，再拍上麵粉、香菜。 3. 起油鍋，用中溫將魚肉炸熟即可。
燴金銀菇	草菇 洋菇 青江菜 鹽 味精 太白粉	4兩 4兩 4兩 1/2小匙 1/2小匙 1大匙	1. 草菇、洋菇洗淨，以開水燙熟。 2. 青江菜洗淨切段燙熟。 3. 起油鍋，炒青菜、菇，起鍋後，淋上太白粉勾芡汁。
炒莧菜	莧菜 鹽 味精	12兩 1/2小匙 1/2小匙	1. 莧菜洗淨、切段 2. 起油鍋以大火炒之，並調味即可。

二、幼稚園　夏季循環菜單

套　數	菜　單
一	咕咾肉燴飯
二	米飯、白切墨魚、酥炸雞塊、草菇青江
三	鹹粥、紅糟肉、糖醋小黃瓜
四	涼麵、蔬菜湯
五	米飯、蒜泥白肉、燜瓠瓜絲、燴三鮮
六	米飯、醋溜丸子、火腿炒蛋、炒絲瓜
七	乾拌麵、魚丸湯
八	米飯、咕咾魚塊、金菇炒肉絲、炒空心菜
九	八鮮燴飯
十	米飯、棒棒雞、番茄炒蛋、素炒菠菜
十一	米飯、烤叉燒、菜脯烘蛋、炒青江菜
十二	蒸餃、三絲湯
十三	米飯、蒸肉餅、拌乾絲、素炒空心菜
十四	米飯、油雞、廣東泡菜、紅燒豆腐
十五	燴通心麵、黃瓜魚丸湯
十六	米飯、茄汁豬排、魔鬼蛋、炒青江菜
十七	米飯、油淋雞、燴金針菇、素炒空心菜
十八	肉羹燴飯
十九	米飯、紅燜雞腿、綠豆芽炒韭菜、炒綠蘆筍
二十	番茄、牛肉燴飯
二十一	米飯、滾筒肉、炒雙色、蒜香莧菜
二十二	米飯、炒雞丁、沙拉、燴絲瓜
二十三	蛋包飯
二十四	米飯、醋溜魚塊魚、炒綠豆芽、涼拌小黃瓜
二十五	蹄筋燴飯
二十六	米飯、蘿蔔燒肉、荷包蛋、炒莧菜
二十七	壽司、味噌湯
二十八	叉燒炒飯
二十九	米飯、滑蛋牛肉、涼拌空心菜、小黃瓜炒魚丸
三十	煮烏龍麵

供應份數：5人份

每份營養表			
蛋白質 （公克）	脂肪 （公克）	醣類 （公克）	熱量 （大卡）
25	15	62	495

菜單	項目		數量	操作步驟
米飯	米 水		2杯 2杯	米洗淨，加水煮成飯。
咕咾肉		後腿肉	1斤	1. 後腿肉切成2公分正方丁，加醃肉拌醃15分鐘，入油中炸黃取出。 2. 洋蔥切成2公分正方丁。青椒、紅椒去蒂去籽切成3公分正方丁。鳳梨片切成2公分丁。 3. 鍋中將洋蔥炒軟，加入調味料煮滾，放入鳳梨片，以太白粉水勾芡，拌入炸好肉塊。 4. 青椒、紅椒丁置於炒鍋速炒，放於飯旁。
	醃料	醬油	1大匙	
		味精	1小匙	
		糖	1小匙	
		蛋	1個	
		太白粉	1大匙	
	調味料	醬油	2大匙	
		糖	2大匙	
		番茄醬	1/4杯	
		鹽	1小匙	
		味精	1小匙	
		水	3杯	
	洋蔥		半個	
	青椒		1個	
	紅椒（甜椒）		1個	
	罐頭鳳梨片		3片	
	太白粉水	太白粉	1大匙	
		水	1大匙	

夏季菜單2

每份營養表			
蛋白質（公克）	脂肪（公克）	醣類（公克）	熱量（大卡）
22	15	62	471

菜單	項目		數量	操作步驟
米飯	米 水		2杯 2杯	米洗淨、加水煮成飯。
白切墨魚	墨魚		12兩	1. 墨魚洗淨，在內膜切交叉刀後切成長塊狀，並以醃料醃。 2. 以開水燙墨魚到捲起即可撈起，供應時淋上淋汁即可。
	醃料	酒	1大匙	
		薑片	2片	
	淋汁	醬油膏	2大匙	
		蒜泥	1大匙	
		糖	1小匙	
		香菜	1小匙	
酥炸雞塊	雞塊		12兩	1. 雞塊以醃料醃10分鐘，後裹上太白粉、蛋、麵包屑後 2. 起油鍋，以中溫炸至雞塊熟透即可。
	裹料	蛋	1個	
		太白粉	2大匙	
		麵包屑	1/2杯	
	醃料	醬油	2大匙	
		胡椒粉	1小匙	
草菇青江	草菇		2兩	1. 草菇洗淨，入滾水汆燙，取出。 2. 青江菜洗淨切段，起油鍋大火炒青江菜段及草菇，加調味料拌勻。
	青江菜		半斤	
	沙拉油		1大匙	
	調味料	鹽	1/2小匙	
		味精	1/2小匙	
		醬油	1大匙	

第六章 幼稚園四季循環菜單

257

每份營養表			
蛋白質 （公克）	脂肪 （公克）	醣類 （公克）	熱量 （大卡）
24	15	60	471

菜單	項目	數量	操作步驟
鹹粥	生米 後腿肉丁 香菇 蝦米 油蔥 蔥屑	半斤 150g 1兩 1兩 1大匙 1大匙	1. 香菇、蝦米泡軟，香菇切丁。 2. 起油鍋爆香蝦米、油蔥、炒香菇至味香，加肉丁、加醬油，鹽，味精，糖拌勻 3. 煮開水將米放入須攪拌防黏鍋至米粒滑細再放入炒好的料，供應時加蔥花、胡椒。
紅糟肉	五花肉（瘦些） 紅糟 太白粉 麵粉	半斤 60g 1/4杯 1/4杯	1. 五花肉洗淨，以醃料與紅糟調勻拌醃15分鐘。 2. 將太白粉與麵粉混勻，拌入醃肉中。 3. 炸油燒熱，將肉炸熟，撈起，切片即可。
糖醋小黃瓜	小黃瓜 蒜頭 糖 醋 香油	半斤 2小粒 2大匙 1大匙 1小匙	1. 小黃瓜洗淨，切圓片。 2. 蒜頭拍碎，辣椒切圓狀。 3. 小黃瓜與蒜混勻，加糖、醋、香油醃30分鐘。

夏季菜單4

每份營養表			
蛋白質 （公克）	脂肪 （公克）	醣類 （公克）	熱量 （大卡）
22	15	63	475

菜單	項目		數量	操作步驟
涼麵	油麵		1.5斤	1. 火腿切成0.5公分條，小黃瓜切細絲。紅蘿蔔切細絲。 2. 將紅蘿蔔、綠豆芽汆燙滾水，速取出。 3. 調味料拌勻。油麵放入火腿、小黃瓜絲、紅蘿蔔絲、綠豆芽淋上調味料。
	火腿		半斤	
	小黃瓜		2條	
	紅蘿蔔		1/2條	
	綠豆芽		4兩	
	調味料	芝麻醬	1大匙	
		醬油	2大匙	
		糖	1大匙	
		醋	2大匙	
		蔥香	2大匙	
蔬菜湯	高麗菜		4兩	1. 將蔬菜切細絲。 2. 鍋中煮水放入蔬菜絲煮軟，加調味料。
	芹菜		2兩	
	紅蘿蔔		4兩	
	洋蔥		2兩	
	水		4杯	
	調味料	鹽	1小匙	
		味精	1小匙	

夏季菜單5

供應份數：5人份

每份營養表			
蛋白質 （公克）	脂肪 （公克）	醣類 （公克）	熱量 （大卡）
20	15	60	455

菜單	項目		數量	操作步驟
米飯	米		2杯	米洗淨，加水煮成飯。
	水		2杯	
蒜泥白肉	三層肉（瘦些）		半斤	1. 三層肉洗淨，放鍋中煮熟。 2. 蒜頭拍扁切碎，加入醬油膏、香油。 3. 煮熟之肉放於砧板上切0.3公分片。 4. 吃時沾醬油膏料即可。
	沾料	蒜頭	1大匙	
		醬油膏	2大匙	
		香油	1大匙	
		糖	1小匙	

菜單	項目		數量	操作步驟
燜瓠瓜絲	瓠瓜		1斤	1. 瓠瓜去皮洗淨刨成絲,蒜頭去皮拍碎。
	蒜頭		1大匙	
	調味料	鹽	1/2小匙	2. 起油鍋爆蒜末,再放瓠瓜絲改小火燜至軟,加調味料即可。
		味精	1/2小匙	
燴三鮮	花枝		4兩	1. 花枝洗淨切花、蝦仁去腸泥洗淨,豬肉切片。
	蝦仁		2兩	
	豬肉		2兩	
	木耳		2兩	2. 木耳、胡蘿蔔、小黃瓜切片。
	胡蘿蔔		2兩	3. 起油鍋爆香蔥、薑拿起,先下肉片、木耳、胡蘿蔔,炒熟加花枝、蝦、小黃瓜加水調味勾芡即可。
	小黃瓜		100g	
	調味料	鹽	1/2小匙	
		味精	1/2小匙	
		醋	1大匙	
		香油	1大匙	
		蔥	1大匙	
		薑	1大匙	
	太白粉		1小匙	
	水		1小匙	

夏季菜單6

供應份數:5人份

每份營養表			
蛋白質（公克）	脂肪（公克）	醣類（公克）	熱量（大卡）
24	16	62	488

菜單	項目	數量	操作步驟
米飯	米	2杯	米洗淨,加水煮成飯。
	水	2杯	
醋溜丸子	絞肉	半斤	
	洋蔥	100g	
	蔥	2支	
	薑	3片	

菜單	項目		數量	操作步驟
醋溜丸子	醃肉料	醬油	1大匙	1. 洋蔥洗淨切碎，蔥切成蔥花，薑切末，加入絞肉中，放入醃肉料調味。 2. 起油鍋加油燒熱，將調好味的絞肉餡捏成丸子狀，入油鍋中炸成金黃色撈起。 3. 另起油鍋，放入糖、醋、水、燒開勾芡，淋香油，再將炸好的丸子放入拌勻即可。
		香油	1小匙	
		鹽	1/2小匙	
		味精	1/2小匙	
		胡椒粉	1/4小匙	
	炸油		3杯	
	糖醋汁	糖	2大匙	
		醋	2大匙	
		香油	1大匙	
	太白粉水	太白粉	1大匙	
		水	1大匙	
火腿炒蛋	火腿		150g	1. 火腿切0.5公分小丁，蛋打散加鹽、味精、蔥切蔥花。 2. 起油鍋，爆香蔥花，加火腿丁，再加入蛋液炒勻至凝固即成。
	蛋		5個	
	鹽		1/2小匙	
	味精		1/2小匙	
	蔥		1支	
炒絲瓜	絲瓜		1條	1. 絲瓜削除外皮，切成半圓片。 2. 起油鍋放蔥段爆香，加水待水滾放入絲瓜片煮軟，加調味料。
	沙拉油		1大匙	
	蔥段		4段	
	水		1杯	
	調味料	鹽	1/2小匙	
		味精	1/2小匙	

夏季菜單7

供應份數：5人份

每份營養表			
蛋白質 （公克）	脂肪 （公克）	醣類 （公克）	熱量 （大卡）
19	17	75	529

菜單	項目		數量	操作步驟
乾拌麵	乾細麵條		1斤	1. 鍋中煮水，水滾放入乾麵條煮至麵條浮起，以筷子夾出。小白菜洗淨切段，放入滾水中川燙，速取出。 2. 碗中將調味料放入麵條及小白菜段拌勻。
	調味料	豬油	4大匙	
		醬油	4大匙	
		味精	1大匙	
		蔥屑	3大匙	
	小白菜		半斤	
魚丸湯	小魚丸		半斤	鍋中煮水，放入魚丸煮至魚丸浮起，加調味料，撒上芹菜屑。
	芹菜屑		2大匙	
	調味料	鹽	1小匙	
		味精	1小匙	
	水		5杯	

夏季菜單8

供應份數：5人份

每份營養表			
蛋白質 （公克）	脂肪 （公克）	醣類 （公克）	熱量 （大卡）
18	15	62	459

菜單	項目		數量	操作步驟
米飯	米		2杯	米洗淨，加水煮成飯。
	水		2杯	
咕咾魚塊	沙魚肉		半斤	1. 魚肉切成長條狀，以醃料醃後入油鍋炸黃。 2. 起油鍋，炒小黃瓜、胡蘿蔔、鳳梨片，再加入調味汁煮滾後加入炸好魚肉拌勻即可。
	小黃瓜		1條	
	胡蘿蔔		1/4條	
	鳳梨片		3片	
	醃料	醬油	1/2大匙	
		酒	1/2大匙	
		太白粉	1大匙	
	調味料	番茄醬	3大匙	
		鹽	1/2小匙	
		味精	1/2小匙	
		糖	4大匙	
		醋	4大匙	
		麻油	1小匙	

菜單	項目		數量	操作步驟
金針菇炒肉絲	肉絲		6兩	起油鍋大米炒肉絲,至肉變色再加入金針菇,並調味即可。
	金針菇(泡好)		2兩	
	調味料	鹽	1/2小匙	
		味精	1/2小匙	
素炒空心菜	空心菜		半斤	1. 空心菜洗淨切段。
	蒜屑		1大匙	2. 起油鍋,爆香蒜屑加入空心菜段大火炒,加調味料拌勻。
	沙拉油		1大匙	
	調味料	鹽	1/2小匙	
		味精	1/2小匙	

夏季菜單9

供應份數:5人份

每份營養表			
蛋白質 (公克)	脂肪 (公克)	醣類 (公克)	熱量 (大卡)
29	20	65	556

菜單	項目		數量	操作步驟
八鮮燴飯	米		2杯	1. 米洗淨加水煮成飯。 2. 瘦肉切片加醃料拌醃。花枝、魷魚去外膜,在內部切交叉斜紋切成3×5公分大小。蹄筋洗淨切成5公分大小。紅蘿蔔、小黃瓜切成2×5公分大小片狀。各材料放入滾水速汆燙撈出。 3. 鍋中熱油爆蔥段、薑片,加入調味料煮滾,將材料放入煮滾,以太白粉水勾芡。 4. 盤中放米飯,淋上燴汁。
	水		2杯	
	瘦肉		4兩	
	醃肉料	醬油	1大匙	
		酒	1大匙	
		糖	1小匙	
		太白粉	1大匙	
	花枝		1條	
	魷魚		1/2條	
	蹄筋(發好)		2兩	
	鴿蛋		5顆	
	金針菇		2兩	
	紅蘿蔔		2兩	
	小黃瓜		3兩	

菜單	項目		數量	操作步驟
八鮮燴飯	調味料	水	4杯	
		醬油	4大匙	
		蠔油	2大匙	
		糖	1小匙	
		鹽	1小匙	
		味精	1小匙	
	沙拉油		2大匙	
	蔥段		3段	
	薑片		3片	
	太白粉水	太白粉	3大匙	
		水	3大匙	

夏季菜單10

每份營養表			
蛋白質（公克）	脂肪（公克）	醣類（公克）	熱量（大卡）
22	15	65	483

菜單	項目		數量	操作步驟
米飯	米		2杯	米洗淨，加水煮成飯。
	水		2杯	
棒棒雞	雞肉		12兩	1. 雞肉放入水中煮熟，取出待涼撕成粗絲。粉皮泡燙水至軟切粗絲。小黃瓜切絲。調味汁拌勻。 2. 將小黃瓜鋪於盤底，加上粉皮絲、雞絲，淋上調味料。
	粉皮		2張	
	小黃瓜		1條	
	調味料	芝麻醬	1大匙	
		醬油	1大匙	
		糖	1小匙	
		麻油	1小匙	
		味精	1/4小匙	
		蔥末	1小匙	
		蒜末	1小匙	

菜單	項目		數量	操作步驟
番茄炒蛋	紅番茄 蛋 蔥屑 調味料	鹽 味精 糖 沙拉油	1個 3個 3大匙 1/2小匙 1/2小匙 1/2小匙 2大匙	1. 紅番茄洗淨，去蒂切丁。 2. 蛋去殼打勻。 3. 鍋中熱油，將蛋液放入炒成蛋塊盛出。 4. 另放油炒番茄丁，加入蛋塊調味料及蔥屑拌勻。
素炒菠菜	菠菜 蒜屑 沙拉油 調味料	鹽 味精	半斤 1大匙 1大匙 1/2小匙 1/2小匙	1. 菠菜洗淨切段。 2. 起油鍋爆香蒜屑，加入菠菜段速炒，加調味料拌勻。

夏季菜單11

供應份數：5人份

每份營養表			
蛋白質 （公克）	脂肪 （公克）	醣類 （公克）	熱量 （大卡）
25	15	65	498

菜單	項目		數量	操作步驟
米飯	米 水		2杯 2杯	米洗淨，加水煮成飯。
烤叉燒	胛心肉 醃料	白醬油 細砂糖 麥芽糖 紅粉	半斤 2大匙 2大匙 2大匙 1小匙	1. 胛心肉切成3公分寬長片，加醃料拌醃3小時。 2. 烤箱預熱半小時至160℃，將醃好叉燒肉平鋪於鋁箔上，烤20分鐘至肉沒血水，烤時應刷醃料二次，以免肉太乾。

菜單	項目	數量	操作步驟
菜脯烘蛋	蛋 蘿蔔乾 蔥屑 調味料 ┌ 味精 料 └ 沙拉油	2個 2大匙 2大匙 1小匙 2大匙	1. 蛋去外殼打勻。蘿蔔乾泡水洗淨擠乾水分。 2. 將蛋液加入蘿蔔乾屑及調味料拌勻。 3. 鍋中熱油，將蛋液倒入烘成蛋塊。
炒青江菜	青江菜 蒜屑 沙拉油 調味料 ┌ 鹽 料 └ 味精	半斤 1大匙 2大匙 1/2小匙 1/2小匙	1. 青江菜洗淨，切段。 2. 鍋中熱油爆香蒜屑，加入青江菜段及調味料拌勻即可。

夏季菜單12

供應份數：5人份

每份營養表			
蛋白質 （公克）	脂肪 （公克）	醣類 （公克）	熱量 （大卡）
18	15	55	427

菜單	項目	數量	操作步驟
蒸餃	中筋麵粉 開水 冷水 絞肉 蝦仁 香菇 筍丁 調味料 ┌ 蔥屑 ┤ 薑屑 │ 醬油 │ 糖 │ 味精 └ 鹽	2杯 1/2杯 2大匙 10兩 4兩 5朵 2大匙 1大匙 1小匙 2大匙 1小匙 1小匙 1小匙	1. 麵粉放盆中，加入開水以筷子攪拌，加入冷水，將它揉成麵糰，醒15分鐘。 2. 香菇泡軟，去硬蒂切丁。蝦仁抽取腸泥切丁。將絞肉、蝦仁、香菇、筍丁及調味料拌勻。 3. 麵糰揉成長條，切成2公分麵臍擀成圓麵皮，中央放餡，包成餃子型，蒸籠鋪濕布放入蒸餃用大火蒸15分鐘。

菜單	項目		數量	操作步驟
三絲湯	白蘿蔔		半斤	1. 白蘿蔔、紅蘿蔔削皮,切成細絲。芹菜去葉、根洗淨切成3公分。 2. 鍋中加水放排骨熬煮,加入白蘿蔔、紅蘿蔔、芹菜煮軟,加調味料即可。
	紅蘿蔔		半斤	
	芹菜		4兩	
	排骨		2兩	
	水		5杯	
	調味料	鹽	1小匙	
		味精	1小匙	

夏季菜單13

供應份數：5人份

每份營養表			
蛋白質 （公克）	脂肪 （公克）	醣類 （公克）	熱量 （大卡）
29	20	60	540

菜單	項目		數量	操作步驟
米飯	米		2杯	米洗淨,加水煮成飯。
	水		2杯	
蒸肉餅	絞肉		半斤	1. 絞肉加入蔭瓜、糖、太白粉拌勻,做成5份丸子。 2. 將丸子入蒸籠蒸半小時。
	調味料	蔭瓜丁	2兩	
		糖	1小匙	
		太白粉	2大匙	
拌干絲	干絲		半斤	1. 鍋中煮水6杯,放入小蘇打1大匙,水滾將干絲放入汆燙,速取出沖冷水。 2. 紅蘿蔔刨絲,入滾水汆燙取出。 3. 將紅蘿蔔絲、小黃瓜絲、干絲與調味料拌勻。
	紅蘿蔔絲		1/4條	
	小黃瓜絲		1條	
	調味料	鹽	1小匙	
		味精	1小匙	
		麻油	1大匙	
素炒空心菜	空心菜		半斤	1. 空心菜洗淨,切5公分段。 2. 鍋中熱油爆香蒜屑,放入空心菜炒軟,加調味料拌勻。
	蒜屑		2大匙	
	沙拉油		1大匙	
	調味料	鹽	1/2小匙	
		味精	1/2小匙	

供應份數：5人份

每份營養表			
蛋白質 （公克）	脂肪 （公克）	醣類 （公克）	熱量 （大卡）
28	15	84	583

菜單	項目		數量	操作步驟
米飯	米 水		2杯 2杯	米洗淨，加水蒸成飯。
油雞	肉雞		半隻	1. 肉雞去毛洗淨。 2. 將肉雞與滷汁調味料一同放煮鍋，以大火煮滾15分鐘後，熄火燜半小時，取出待涼再切塊。
	滷汁調味料	醬油	2杯	
		冰糖	1/4杯	
		麥芽糖	1/4杯	
		水	5杯	
		油蔥酥	4大匙	
		滷包（八角、草果、桂皮、陳皮、甘草）		
廣東泡菜	小黃瓜 紅蘿蔔 白蘿蔔		1條 1/4條 1/4條	小黃瓜洗淨。紅蘿蔔、白蘿蔔削除外皮，切成1×5公分長條，加醃料拌醃1小時。
	泡菜調味料	白醋	2大匙	
		細砂糖	2大匙	
		鹽	1小匙	
		麻油	1大匙	
紅燒豆腐	豆腐 筍片 綠花椰菜 蔥段 沙拉油		1塊 3兩 4兩 3段 2大匙	1. 豆腐先行橫切，再切成2×3公分大小。綠花椰菜切成小朵花，洗淨後汆燙滾水後取出。 2. 起油鍋，爆蔥段，放入豆腐、筍片及調味料煮滾，加入燙熟之綠花椰菜。
	調味料	醬油	2大匙	
		糖	1小匙	
		味精	1小匙	
		太白粉	1小匙	
		水	1大匙	

夏季菜單15

每份營養表			
蛋白質 （公克）	脂肪 （公克）	醣類 （公克）	熱量 （大卡）
22	15	60	463

菜單	項目		數量	操作步驟
燴通心麵	通心麵		400公克	1. 鍋中煮水，水滾放入通心麵煮15分鐘，至麵軟。洋蔥切丁。 2. 起油鍋，炒洋蔥丁至軟，放入絞肉炒香，加調味料及水煮滾，以太白粉水勾芡。
	絞肉		半斤	
	洋蔥		4兩	
	沙拉油		3大匙	
	水		4杯	
	調味料	番茄醬	1/2杯	
		糖	1大匙	
		鹽	1小匙	
		味精	1小匙	
	太白粉水	太白粉	2大匙	
		水	2大匙	
黃瓜魚丸湯	魚丸		半斤	1. 大黃瓜削除外皮及去瓜瓤，切成小塊。 2. 鍋中煮水，放入魚丸及大黃瓜丁煮軟，加調味料。
	大黃瓜		半斤	
	水		4杯	
	調味料	鹽	1小匙	
		味精	1小匙	

夏季菜單16

供應份數：5人份

每份營養表			
蛋白質 （公克）	脂肪 （公克）	醣類 （公克）	熱量 （大卡）
22	15	65	483

菜單	項目		數量	操作步驟
米飯	米 水		2杯 2杯	米洗淨，加水煮成飯。
茄汁豬排	豬排		半斤	1. 豬排切成5片，用刀背拍鬆，加醃料拌醃，入油中兩面煎熟。 2. 洋蔥切絲。起油鍋爆香洋蔥絲，加入蒜屑及調味料煮混，放入豬排燜煮至汁稠即可。
	醃料	醬油	1大匙	
		糖	1小匙	
		太白粉	2大匙	
	洋蔥		半斤	
	蒜屑		2大匙	
	調味料	番茄醬	2大匙	
		糖	1大匙	
		鹽	1小匙	
		味精	1小匙	
		水	1杯	
魔鬼蛋	雞蛋 沙拉醬 火腿		3個 4大匙 1兩	1. 蛋帶殼於水中煮15分鐘，取出剝外殼。 2. 將蛋對切，取出蛋黃，將蛋黃壓成泥狀加入沙拉醬拌勻。火腿切碎。 3. 將蛋黃泥放入擠花袋，擠出花型於蛋白殼，上撒火腿屑。
炒青江菜	青江菜 沙拉油		半斤 半斤	1. 青江菜洗淨切段。 2. 熱油大火炒青江菜段，加調味料拌勻。
	調味料	鹽	1/2小匙	
		味精	1/2小匙	

夏季菜單17

供應份數：5人份

每份營養表			
蛋白質 （公克）	脂肪 （公克）	醣類 （公克）	熱量 （大卡）
22	15	60	463

菜單	項目		數量	操作步驟
米飯	米 水		2杯 2杯	米洗淨,加水煮成飯。
油淋雞	肉雞		半隻	1. 雞洗淨,加醃料拌醃30分鐘,放入蒸籠中大火蒸20分鐘,濾去雞湯。 2. 將雞外沾麵粉,入油中炸至金黃色,待涼切塊。
	醃料	醬油 酒 蔥段 薑片	3大匙 1大匙 4段 3片	
	麵粉		1杯	
燴金針菇	金針菇 紅蘿蔔 香菇 菜心 沙拉油 蒜屑		2兩 2兩 10朵 1根 2大匙 1大匙	1. 金針菇去硬莖,洗淨。紅蘿蔔去外皮切絲。 2. 香菇泡軟,去硬莖切絲。菜心削去外皮切絲。 3. 沙拉油熱油鍋,爆香蒜屑,加入金針菇、紅蘿蔔絲、香菇絲、菜心煮軟,加調味料拌勻。
	調味料	醬油 味精 糖 太白粉	1大匙 1小匙 1小匙 1小匙	
蒜香空心菜	空心菜 蒜頭		半斤 1大匙	1. 蒜頭拍碎。空心菜洗淨切段。 2. 起油鍋,爆香蒜屑,放入空心菜段大火炒,加調味料拌勻。
	調味料	鹽 味精	1/2小匙 1/2小匙	
	沙拉油		1大匙	

夏季菜單18

供應份數:5人份

每份營養表			
蛋白質 (公克)	脂肪 (公克)	醣類 (公克)	熱量 (大卡)
21	12	68	464

菜單	項目		數量	操作步驟
肉羹燴飯	米		2杯	1. 米洗淨加水煮成飯。
	水		2杯	2. 瘦肉切條加醃肉料拌醃,加魚漿拌
	瘦肉		4兩	打。
	豆漿		4兩	3. 鍋中煮水5杯,放入肉條、筍絲、白
	筍絲		2兩	菜絲、紅蘿蔔絲及調味料,以太白
	白菜絲		2兩	粉水勾芡。
	紅蘿蔔絲		2兩	4. 飯放小碗中,將芡欠之肉羹淋於飯
	醃肉料	醬油	2大匙	上。
		胡椒粉	1/2小匙	
		糖	1小匙	
		太白粉	1大匙	
	調味料	水	5杯	
		紅蔥頭	2大匙	
		醬油	2大匙	
		糖	1大匙	
		鹽	1小匙	
		味精	1小匙	
	太白粉水	太白粉	3大匙	
		水	3大匙	

夏季菜單19

幼兒營養與餐點設計

272

供應份數:5人份

每份營養表			
蛋白質 (公克)	脂肪 (公克)	醣類 (公克)	熱量 (大卡)
22	14	60	459

菜單	項目	數量	操作步驟
米飯	米 水	2杯 2杯	米洗淨,加水煮成飯。

菜單	項目		數量	操作步驟
紅燜雞腿	小雞腿		5隻	雞腿洗淨，加入調味料放煮鍋中，以大火煮滾，改小火燜至雞腿熟。
	調味料	醬油	4大匙	
		冰糖	1大匙	
		蔥段	4段	
		薑片	3片	
		水	2杯	
綠豆芽炒韭菜	綠豆芽		半斤	1. 綠豆芽洗淨，韭菜洗淨切段。
	韭菜		4兩	2. 熱油鍋大火炒綠豆芽及韭菜，加調味料拌勻。
	沙拉油		2大匙	
	調味料	鹽	1/2小匙	
		味精	1/2小匙	
炒綠蘆筍	綠蘆筍		半斤	1. 綠蘆筍削去硬皮，切成5公分段。
	沙拉油		1大匙	2. 鍋中熱油，放入綠蘆筍段大火炒加調味料拌勻。
	調味料	鹽	1/2小匙	
		味精	1/2小匙	

夏季菜單20

供應份數：5人份

每份營養表			
蛋白質（公克）	脂肪（公克）	醣類（公克）	熱量（大卡）
22	20	60	518

菜單	項目		數量	操作步驟
米飯	米		2杯	米洗淨，加水煮成飯。
	水		2杯	
番茄牛肉燴汁	番茄		2個	1. 大紅番茄先切成八瓣，再切小塊。洋蔥切丁。牛肉切片，加醃料拌醃。牛肉片先行過油。
	牛肉		半斤	2. 平鍋放油，加入洋蔥丁炒軟，加番茄丁、水煮滾，放入牛肉片及調味料，以太白粉汁勾欠。
	洋蔥		半斤	
	醃料	醬油	2大匙	
		酒	1大匙	
		太白粉	1大匙	

菜單	項目		數量	操作步驟
番茄牛肉燴汁	調味料	醬油	2大匙	
		糖	3大匙	
		番茄醬	3大匙	
		鹽	1小匙	
		味精	1小匙	
	水		5杯	
	太白粉水	太白粉	2大匙	
		水	2大匙	
炒菠菜	菠菜		半斤	菠菜洗淨切段，沙拉油將蒜屑爆香，加入調味料拌勻。
	沙拉油		2大匙	
	蒜屑		2大匙	
	調味料	鹽	1/2小匙	
		味精	1/2小匙	

夏季菜單21

供應份數：5人份

每份營養表			
蛋白質（公克）	脂肪（公克）	醣類（公克）	熱量（大卡）
22	20	62	516

菜單	項目		數量	操作步驟
米飯	米		2杯	米洗淨，加水煮成飯。
	水		2杯	
滾筒肉	里肌肉		半斤	1. 里肌肉切成一刀斷一刀不斷，拌醃料。筍切條。香菇去硬蒂切絲。 2. 里肌肉平鋪，中央放入筍條、香菇及蔥段，捲起，以乾胡瓜條綁好。 3. 鍋中煮調味料，將肉捲放入以小火燜煮至熟。
	筍		2兩	
	香菇		3朵	
	蔥段		5段	
	乾胡瓜條		1條	
	醃料	醬油	1大匙	
		太白粉	1大匙	

菜單	項目		數量	操作步驟
滾筒肉	調味料	醬油	2大匙	
		酒	1大匙	
		糖	1大匙	
		烏醋	1大匙	
		水	1杯	
炒雙色	高麗菜		半斤	1. 高麗菜洗淨切絲、紅蘿蔔去皮切絲。
	紅蘿蔔		2兩	2. 起油鍋，炒高麗菜、紅蘿蔔至軟，加
	沙拉油		2大匙	調味料。
	調味料	鹽	1/2小匙	
		味精	1/2小匙	
		糖	1小匙	
蒜香莧菜	莧菜		半斤	1. 莧菜洗淨切段。
	蒜屑		2大匙	2. 起油鍋爆香蒜屑，加入莧菜段及調味
	沙拉油		1大匙	料。
	調味料	鹽	1/2小匙	
		味精	1/2小匙	

夏季菜單22

供應份數：5人份

每份營養表			
蛋白質 （公克）	脂肪 （公克）	醣類 （公克）	熱量 （大卡）
22	15	65	483

菜單	項目		數量	操作步驟
米飯	米		2杯	米洗淨，加水煮成飯。
	水		2杯	
炒雞丁	雞胸肉		12兩	1. 雞胸肉去骨、去皮，切成2公分正方
	小黃瓜		1條	丁，加醃料拌醃，過油。小黃瓜切
	洋蔥丁		1/2杯	1.5公分正方丁。
	紅蘿蔔丁		1/2杯	2. 起油鍋炒洋蔥丁、紅蘿蔔丁，加入
	醃料	蛋白	1個	雞丁及調味料，起鍋前拌入小黃瓜
		鹽	1小匙	丁。
		太白粉	1大匙	
		沙拉油	1大匙	

菜單	項目		數量	操作步驟
炒雞丁	調味料	醬油 糖 味精	2大匙 1小匙 1小匙	
沙拉	火腿 生菜葉 小紅番茄 沙拉醬		2兩 4兩 2兩 1/2杯	1. 火腿切長條。生菜葉洗淨以手剝一口大小。小紅番茄洗淨。 2. 沙拉放碗中，吃的人自己夾取淋沙拉醬。
燴絲瓜	絲瓜 蒜屑 沙拉油 水 調味料	 鹽 味精	1斤 1大匙 1大匙 1/2杯 1/2小匙 1/2小匙	1. 絲瓜去外皮，切成半圓片。 2. 起油鍋，爆香蒜屑，加水及絲瓜片煮軟，加調味料。

夏季菜單23

供應份數：5人份

每份營養表			
蛋白質 （公克）	脂肪 （公克）	醣類 （公克）	熱量 （大卡）
29	15	65	511

菜單	項目		數量	操作步驟
蛋包飯	米 水 沙拉油 蛋 洋蔥丁 絞肉 青豆仁 調味料	 番茄醬 鹽 味精	400公克（約2杯） 2杯 5大匙 5個 1杯 半斤 2兩 4大匙 1小匙 1小匙	1. 米洗淨，加水煮成飯。 2. 蛋去外殼打勻，鍋中放1小匙油，將蛋液倒入1/5，攤成薄蛋皮，共攤成5張。 3. 洋蔥丁放於少許油中炒軟，加入絞肉炒熟，加米飯、青豆仁及調味料拌勻。 4. 取平盤放蛋皮一張，將炒好米飯放於蛋皮之一半處，對摺即成蛋包飯。

供應份數：5人份

每份營養表			
蛋白質 （公克）	脂肪 （公克）	醣類 （公克）	熱量 （大卡）
22	20	66	532

菜單	項目		數量	操作步驟
米飯	米 水		2杯 2杯	米洗淨，加水煮成飯。
醋溜豆塊魚	河魚		半斤	1. 河魚去皮洗淨，切成互片狀（3×3公分）加醃料拌醃。麵糊調勻。 2. 河魚片外沾麵糊，入油中炸黃。 3. 鍋中將調味料煮滾，放入魚塊拌勻。
	醃料	酒 醬油	1大匙 1大匙	
	醃料	蛋 麵筋 太白粉 鹽	1個 3大匙 1大匙 1小匙	
	調味料	糖 烏醋 水 醬油 酒 太白粉	2大匙 1大匙 1大匙 1大匙 1大匙 1/小匙	
炒綠豆芽	綠豆芽 韭菜 紅蔥頭 沙拉油		半斤 1兩 2大匙 1大匙	1. 紅蔥頭切絲。 2. 起油鍋爆香紅蔥頭，加綠豆芽，韭菜大火拌炒，加調味料拌勻。
	調味料	鹽 味精	1/2小匙 1/2小匙	
涼拌小黃瓜	小黃瓜 鹽 蒜屑		半斤 1/4小匙 2大匙	1. 小黃瓜切5公分長條加少許鹽醃15分鐘，去鹽水沖冷開水。 2. 小黃瓜條拌入蒜屑及調味料。
	調味料	糖 醋 麻油	2大匙 1大匙 1大匙	

供應份數：5人份

<table>
<tr><td colspan="4">每份營養表</td></tr>
<tr><td>蛋白質
（公克）</td><td>脂肪
（公克）</td><td>醣類
（公克）</td><td>熱量
（大卡）</td></tr>
<tr><td>22</td><td>15</td><td>60</td><td>463</td></tr>
</table>

菜單	項目	數量	操作步驟
蹄筋燴飯	米 水 乾蹄筋 肉片 筍片 香菇 紅蘿蔔 小黃瓜 調味料 { 醬油 蠔油 糖 水 麻油 太白粉水 { 太白粉 水 沙拉油 蒜屑 青江菜	2杯 2杯 15隻 3兩 1支 5朵 2兩 1條 2大匙 2大匙 1小匙 4杯 2大匙 2大匙 2大匙 2大匙 2大匙 半斤	1. 米洗淨，加水煮成飯。 2. 乾蹄筋放入冷油中，將油燒熱蹄筋會受熱而捲曲起泡。將起泡蹄筋放入水中煮1小時至軟。香菇去硬蒂，泡水至軟，一切為四。 3. 鍋中放調味料，將發好蹄筋放入煮軟，加入肉片、筍片、香菇、紅蘿蔔片，以太白粉勾芡，拌入小黃瓜片。 4. 青江菜洗淨切段。起油鍋爆香蒜屑加入青江菜段速炒。 5. 盤中放米飯，淋上蹄筋燴汁加炒好的青江菜。

供應份數：5人份

<table>
<tr><td colspan="4">每份營養表</td></tr>
<tr><td>蛋白質
（公克）</td><td>脂肪
（公克）</td><td>醣類
（公克）</td><td>熱量
（大卡）</td></tr>
<tr><td>22</td><td>15</td><td>65</td><td>483</td></tr>
</table>

菜單	項目	數量	操作步驟
米飯	米 水	2杯 2杯	米洗淨,加水煮成飯。
蘿蔔燒肉	白蘿蔔 紅蘿蔔 胛心肉 水 調味料 ⎡醬油 ⎣冰糖 　八角	半斤 4兩 半斤 2杯 1/2杯 1兩 1顆	1. 白蘿蔔、紅蘿蔔削除外皮,切滾刀塊,胛心肉切塊。 2. 將胛心肉塊、白蘿蔔、紅蘿蔔加水煮滾加入調味料煮至肉軟。
荷包蛋	雞蛋 油 鹽	5個 1大匙 1大匙	鍋中熱油,將蛋打入待蛋凝固,撒少許鹽,翻面。
炒莧菜	莧菜 沙拉油 蒜屑 調味料 ⎡鹽 ⎣味精	半斤 1大匙 1大匙 1/2小匙 1/2小匙	1. 莧菜洗淨切段。 2. 起油鍋爆蒜屑,加莧菜炒軟,加調味料拌勻。

夏季菜單27

供應份數:5人份

每份營養表			
蛋白質 (公克)	脂肪 (公克)	醣類 (公克)	熱量 (大卡)
22	16	66	496

菜單	項目	數量	操作步驟
壽司	米 水 沙拉油 糖 白醋 鹽 紫菜皮	2杯 2杯 2大匙 2大匙 1大匙 1/2小匙 5張	1. 米洗淨,加水、沙拉油煮成米飯,趁熱加糖、白醋、鹽拌勻。 2. 小黃瓜切成4長條。黃蘿蔔切成1公分正方條。 3. 紫菜皮攤開,放入米飯,中央放入小黃瓜條、黃蘿蔔條及肉鬆,捲成長捲,再切成圓片。

菜單	項目	數量	操作步驟
壽司	小黃瓜 黃蘿蔔 肉鬆	1條 1/4條 1/4杯	
味噌湯	水 柴魚 豆腐 味噌 糖 蔥屑	4杯 1兩 1塊 2大匙 1小匙 2大匙	水加柴魚煮滾，加入味噌、糖及小豆腐丁，上撒蔥屑。

夏季菜單28

供應份數：5人份

每份營養表			
蛋白質 （公克）	脂肪 （公克）	醣類 （公克）	熱量 （大卡）
22	15	70	503

菜單	項目	數量	操作步驟
叉燒炒飯	米 水 沙拉油 叉燒肉 蛋 青豆仁 紅蘿蔔 調味料〔鹽 味精	400公克（約2杯） 2杯 2大匙 半斤 2個 4兩 4兩 1小匙 1小匙	1. 米洗淨，加水煮成飯，將米飯弄鬆。 2. 叉燒肉切丁。蛋去殼打勻在炒鍋中炒成蛋塊。青豆仁、紅蘿蔔丁在滾水中汆燙過。 3. 起油鍋，炒叉燒肉丁，加入米飯拌炒，放入蛋塊、青豆仁、紅蘿蔔及調味料拌勻。

供應份數：5人份

每份營養表			
蛋白質 （公克）	脂肪 （公克）	醣類 （公克）	熱量 （大卡）
22	16	60	472

菜單	項目		數量	操作步驟
米飯	米 水		2杯 2杯	米洗淨，加水煮成飯。
滑蛋牛肉	牛肉片		3兩	1. 牛肉片加醃料拌醃15分鐘後，過油。 2. 蛋加調味料打勻。 3. 鍋中放沙拉油，油熱放入已過油的牛肉片，加蛋液大火炒至蛋凝固。
	調味料	薑汁	1小匙	
		嫩精	1/2小匙	
		糖	1大匙	
		太白粉	1大匙	
		醬油	1大匙	
	蛋		5個	
	沙拉油		3大匙	
	調味料	蔥屑	3大匙	
		鹽	1小匙	
		味精	1小匙	
涼拌空心菜	空心菜		半斤	1. 空心菜洗淨切斷，入滾水燙熱速取出。豬油加熱融化。 2. 將豬油、醬油膏拌勻淋於空心菜上，撒上油蔥酥。
	油蔥酥		2大匙	
	豬油		2大匙	
	醬油膏		2大匙	
小黃瓜炒魚丸	魚丸		半斤	1. 小黃瓜切薄圓片。魚丸切片。 2. 起油鍋炒魚丸片、加小黃瓜片及調味料拌勻。
	小黃瓜		1條	
	沙拉油		1大匙	
	調味料	鹽	1/2小匙	
		味精	1/2小匙	

281

供應份數：5人份

每份營養表			
蛋白質 （公克）	脂肪 （公克）	醣類 （公克）	熱量 （大卡）
32	15	90	623

菜單	項目		數量	操作步驟
煮烏龍麵	烏龍麵		1斤	1. 大骨加水8杯熬煮高湯。鮮蝦去腸泥洗淨。魚板切片。瘦肉切片加醃料拌醃。蛤蚌泡水洗淨。小白菜洗淨切段。 2. 高湯濾出雜質，放入蝦、魚板、瘦肉、蛤蚌煮滾加入烏龍麵及小白菜段，並調味。
	蝦		12隻	
	魚板		4兩	
	瘦肉		4兩	
	蛤蚌		4兩	
	小白菜		半斤	
	大骨		1付	
	醃料	醬油	1大匙	
		糖	1小匙	
		胡椒粉	1/2小匙	
		太白粉	1大匙	
	調味料	鹽	1小匙	
		味精	1小匙	

三、幼稚園　冬季循環菜單

套　數	菜　單
一	米飯、豆瓣魚、蒜香海帶、炒茼蒿菜
二	雞腿麵
三	米飯、韭菜墨魚、鮮肉草菇、蒜香空心菜
四	紅燒牛肉飯
五	米飯、炸雞翅、炒綠花椰菜、羅宋湯
六	大魯麵
七	米飯、紅燒肉、開陽白菜、素炒茼蒿、蛋包湯
八	米飯、紅燒划水、煎豆腐、炒芥蘭菜
九	炸春捲、金菇肉絲湯
十	米飯、三杯雞、魚香茄子、炒豆苗
十一	梅菜扣肉飯
十二	米飯、紅燒獅子頭、煎豆魚、素炒青江菜
十三	麻油雞麵線
十四	米飯、煎白帶魚、什錦蒟蒻、家常豆腐
十五	炸醬麵、茼蒿魚丸湯
十六	米飯、鹽水蝦、小黃瓜炒花枝、開陽白菜
十七	牛肉燴飯
十八	米飯、豆豉排骨、花椰菜炒花枝、胡蘿蔔炒蛋
十九	臘味飯
二十	米飯、醬瓜雞丁、黃瓜肉片、炸豆腐
二十一	紅燒牛肉麵
二十二	米飯、文昌雞、蟹粉扒白菜、炒芥蘭菜
二十三	油飯、菜心湯
二十四	米飯、回鍋肉、三色蛋、炒青江菜
二十五	咖哩雞、冬瓜排骨湯
二十六	米飯、香根肉絲、油炸豆腐、炒空心菜
二十七	米飯、無錫排骨、玉米段、蒜香茼蒿
二十八	米飯、走油扣肉、炒雙色、炒青江菜
二十九	什錦米苔目
三十	米飯、京醬肉絲、煎豆包、炒茼蒿

供應份數：5人份

每份營養表			
蛋白質 （公克）	脂肪 （公克）	醣類 （公克）	熱量 （大卡）
18.5	15.5	62	461.5

菜單	項目		數量	操作步驟
米飯	米 水		2杯 2杯	米加水煮成飯。
豆瓣魚	鯉魚 蔥屑 薑屑 蒜屑 豆瓣醬		1條 2大匙 1大匙 1大匙 2大匙	1. 鯉魚魚身上斜切三、四條淺紋。 2. 熱油鍋，兩面煎透後，將剩油爆香薑、蒜後與豆瓣醬同炒，加調味料煮三分鐘。 3. 最後以太白粉水勾芡並淋下麻油即可。
	調味料	醬油 酒 鹽 糖 醋 麻油	2大匙 1大匙 2小匙 1小匙 1/2大匙 1大匙	
	太白粉水	太白粉 水	1大匙 1大匙	
蒜香海帶	海帶（濕） 蒜頭屑		6兩 1大匙	1. 海帶泡軟，切長條狀。 2. 起油鍋，先爆香蒜頭，炒海帶條並調味之。
	調味料	味精 鹽	1小匙 1小匙	
炒茼蒿菜	茼蒿菜（切段） 沙拉油		半斤 1大匙	鍋中熱油，放入茼蒿菜段大火快炒，加調味料拌勻。
	調味料	鹽 味精	1小匙 1小匙	

冬季菜單2

每份營養表			
蛋白質 （公克）	脂肪 （公克）	醣類 （公克）	熱量 （大卡）
25	30	32	498

菜單	項目		數量	操作步驟
雞腿麵		細麵條	1斤	1. 細麵條入滾水中煮熟撈出。青江菜切段。 2. 雞腿中央稍剝開加入醃料拌醃。 3. 大骨洗淨放入水中熬煮成高湯，供應前加入調味料。 4. 雞腿放入熱油中炸熟。青江菜放入水中汆燙取出。 5. 碗中放麵條、高湯、雞腿及青江菜段。
		小雞腿	5隻	
	醃料	醬油	2大匙	
		鹽	1小匙	
		味精	小匙	
		糖	2小匙	
		五香粉	1小匙	
		酒	1大匙	
		太白粉	2大匙	
		麵粉	2大匙	
	大骨		1副	
	水		8杯	
	調味料	鹽	1小匙	
		醬油	2大匙	
		味精	1小匙	
		胡椒	1小匙	
		麻油	1小匙	
		蔥屑	2大匙	
	青江菜		半斤	

冬季菜單3

供應份數：5人份

每份營養表			
蛋白質 （公克）	脂肪 （公克）	醣類 （公克）	熱量 （大卡）
19	16	63	472

菜單	項目	數量	操作步驟
米飯	米 水	2杯 2杯	米洗淨，加水煮成飯。
韭菜墨魚	韭菜 墨魚 調味料 ─ 鹽 味精 糖	6兩 6兩 1/2小匙 1/2小匙 1小匙	1. 韭菜洗淨，切段。墨魚去內膜後劃上交叉斜刀後切長塊。 2. 起油鍋，大火快炒墨魚及韭菜加調味料拌勻。
鮮肉草菇	肉片 草菇 綠花椰菜 調味料 ─ 味精 醬油 糖 太白粉水 ─ 太白粉 水	6兩 4兩 2兩 1/2小匙 1大匙 1/2小匙 1大匙 1大匙	1. 肉片以太白粉醃。綠花椰菜切取綠色花朵。 2. 草菇、綠花椰菜以開水燙一下，速沖冷水。 3. 起油鍋，以大火炒至肉變色，加入草菇、綠花椰菜拌炒後加調味後以太白粉勾芡。
蒜香空心菜	空心菜 蒜屑 沙拉油 調味料 ─ 鹽 味精	半斤 1大匙 1大匙 1/2小匙 1/2小匙	1. 空心菜洗淨，切成5公分段。 2. 起油鍋爆香蒜屑，加入空心菜段大火炒熟並加調味料。

冬季菜單4

供應份數：5人份

每份營養表			
蛋白質 （公克）	脂肪 （公克）	醣類 （公克）	熱量 （仟卡）
22	13	70	485

幼兒營養與餐點設計

菜單	項目		數量	操作步驟
紅燒牛肉飯	米		2杯	1. 米洗淨，加水煮成飯。
	水		2杯	2. 牛腩洗淨切成3公分塊狀，白蘿蔔削除外皮切成3公分正方丁。
	牛腩		半斤	
	白蘿蔔		1條	3. 鍋中放入牛腩、白蘿蔔及燉牛肉料以壓力鍋煮滾後25分，待降壓之後掀蓋，將牛肉汁以太白粉汁勾芡。
	燉牛肉用料	蔥段	4片	
		薑片	4片	4. 青江菜洗淨切段，以大火炒熟。
		豆瓣醬	1大匙	5. 飯放小碗淋上紅燒牛肉，再放青江菜。
		醬油	6大匙	
		水	6杯	
		味精	1小匙	
		花椒	1/2小匙	
		八角	1朵	
	太白粉水	太白粉	4大匙	
		水	4大匙	
	青江菜		半斤	

冬季菜單5

供應份數：5人份

每份營養表			
蛋白質（公克）	脂肪（公克）	醣類（公克）	熱量（大卡）
18	16	62	464

菜單	項目		數量	操作步驟
米飯	米		2杯	米洗淨，加水煮成飯。
	水		2杯	
炸雞翅	雞翅膀		5個	1. 雞翅以醬油、糖、太白粉、麵粉醃。
	醃料	醬油	3大匙	2. 起油鍋至油熱後改小火，炸至熟透即可。
		糖	1大匙	
		太白粉	1/4杯	
		麵粉	1/4杯	

菜單	項目		數量	操作步驟
炒綠花椰菜	綠花椰菜		10兩	1. 花椰菜洗淨,切成小株。於滾水汆燙後速取出。 2. 起油鍋,炒綠花椰菜,調味即可。
	調味料	鹽	1/2小匙	
		味精	1/2小匙	
	沙拉油		1大匙	
羅宋湯	牛肉絲		2兩	湯鍋煮水,先熬胡蘿蔔絲、高麗菜絲、芹菜絲到熟透再加入牛肉絲並加調味料即可。
	胡蘿蔔絲		2兩	
	高麗菜絲		2兩	
	芹菜絲		2兩	
	水		4杯	
	調味料	味精	1/2小匙	
		鹽	1/2小匙	
		番茄醬	1大匙	
		糖	1/2小匙	

冬季菜單6

每份營養表			
蛋白質 (公克)	脂肪 (公克)	醣類 (公克)	熱量 (大卡)
14	10	40	306

菜單	項目		數量	操作步驟
大魯麵	麵條		1斤	1. 面條放入滾水中煮軟,撈出。 2. 里肌肉加醃料拌醃。木耳、筍、豆腐切絲。金針泡水後打結。 3. 大骨熬湯,將骨頭撈出。加入肉絲、木耳、筍、金針後煮滾,加調味料並勾芡,淋上蛋液。 4. 麵條與青江菜段於滾水中燙熟,放碗中,淋上大魯麵湯汁。
	里肌肉		6兩	
	調味料	醬油	1大匙	
		太白粉	1大匙	
		麻油	1大匙	
	木耳		2兩	
	筍		半斤	
	金針		1兩	
	豆腐		1塊	
	大骨		1副	
	水		8杯	

菜單	項目		數量	操作步驟
大魯麵	調味料	鹽	1小匙	
		味精	1/2小匙	
		醬油	4大匙	
		糖	1大匙	
	蛋		2個	
	青江菜		半斤	
	太白粉水	太白粉	3大匙	
		水	3大匙	

冬季菜單7

供應份數：5人份

每份營養表			
蛋白質 （公克）	脂肪 （公克）	醣類 （公克）	熱量 （大卡）
22	15	62	471

菜單	項目		數量	操作步驟
米飯	米		2杯	米洗淨加水煮成飯。
	水		2杯	
紅繞肉	胛心肉		12兩	1. 胛心肉切成5塊。
	調味料	醬油	1/2杯	2. 鍋中放胛心肉塊及調味料，煮滾改
		水	2杯	小火燜軟。
		冰糖	1大匙	
開陽白菜	大白菜		1斤4兩	1. 大白菜洗淨切長段。
	蝦皮		1/2兩	2. 起油鍋，先爆香蝦皮，再炒大白菜
	調味料	鹽	1/2小匙	並調味。
		味精	1/2小匙	
		糖	1/2小匙	
素炒茼蒿	茼蒿菜		半斤	1. 茼蒿洗淨。
	沙拉油		1大匙	2. 以大火炒茼蒿，並調味。
	調味料	鹽	1/2小匙	
		味精	1/2小匙	

菜單	項目	數量	操作步驟
蛋包湯	雞蛋 水 調味料 鹽 味精 蔥花	5個 4杯 1/2小匙 1小匙 1大匙	1. 湯鍋煮水，水滾後，打入蛋，至整個蛋凝固。 2. 調味，起鍋撒入蔥花即可。

冬季菜單8

供應份數：5人份

每份營養表			
蛋白質 （公克）	脂肪 （公克）	醣類 （公克）	熱量 （大卡）
18	15	62	459

菜單	項目	數量	操作步驟
米飯	米 水	2杯 2杯	米洗淨，加水煮成飯。
紅燒划水	草魚尾 （六吋長） 醃魚 醬油 胡椒粉 太白粉 油 蔥 薑 酒 糖 醬色 水 麻油	一段 4大匙 1/2小匙 2小匙 6大匙 二支 2片 1/2大匙 1大匙 1小匙 1杯 1小匙	1. 魚切成五塊（直刀，條狀）醃5分鐘。 2. 太白粉加2大匙水調開備用。 3. 鍋內燒油5大匙，爆香蔥、薑後，再將醃好的魚塊兩面沾上太白粉水，逐一下油鍋，煎兩面。淋下酒、糖、醬油、清湯以中火煮5分鐘即魚熟透即可。 4. 最後以太白粉水勾芡，起鍋後撒下切細蔥絲、麻油即可。
煎豆腐	豆腐 鹽 番茄醬 糖 蔥屑	3塊 1/2小匙 1大匙 1小匙 2大匙	1. 豆腐切成長塊狀，抹上少許鹽。 2. 起油鍋，用小火煎至兩面焦黃。 3. 起鍋後，倒番茄醬及糖，撒上蔥屑。

菜單	項目		數量	操作步驟
炒芥蘭菜	芥蘭菜 半斤 沙拉油 1大匙 調味料 { 糖 鹽 酒 }		半斤 1大匙 1小匙 1/2小匙 1大匙	1. 芥蘭菜撕去硬莖，洗淨切3公分段。 2. 起油鍋大火炒芥蘭菜段，加調味料拌勻。

冬季菜單9

供應份數：5人份

每份營養表			
蛋白質 （公克）	脂肪 （公克）	醣類 （公克）	熱量 （大卡）
20	20	65	530

菜單	項目		數量	操作步驟
炸春捲	瘦肉 醃肉料 { 醬油 太白粉 } 蝦仁 醃蝦料 { 鹽 太白粉 } 綠豆芽 韭黃 調味料 { 鹽 味精 麻油 } 春捲皮 沙拉油		4兩 1/2大匙 1小匙 3兩 1/4小匙 1小匙 半斤 2兩 1小匙 1小匙 1小匙 20張 2大匙	1. 瘦肉切細絲加醃料拌醃。蝦仁洗淨加醃料拌醃。韭黃洗淨切段。 2. 起油鍋炒肉絲、蝦仁、綠豆芽、韭黃加調味料拌勻，將汁液擠壓掉。 3. 春捲皮平鋪中央放炒好的餡，包成長形，封口以太白粉黏好。 4. 將春捲入油中炸至金黃色。
金菇肉絲湯	金針菇 肉絲 蔥屑 水 調味料 { 鹽 味精 麻油 }		2兩 2兩 2大匙 4杯 1小匙 1小匙 1大匙	鍋中煮水，放入肉絲、金針菇及調味料，煮滾後撒上蔥屑。

每份營養表			
蛋白質 （公克）	脂肪 （公克）	醣類 （公克）	熱量 （大卡）
22	32	65	618

菜單	項目		數量	操作步驟
米飯	米 水		2杯 2杯	米洗淨，加水煮成飯。
三杯雞	雞胸肉 薑片		1斤	1. 雞胸肉洗淨剁塊，薑片拍扁。 2. 起油鍋爆薑片，加入雞塊，放入醬油、麻油、酒燉煮至雞肉熟顏色至褐色，撒上九層塔葉拌勻。
	調味料	醬油 麻油 酒 九層塔	1杯 1杯 1杯 2兩	
魚香茄子	茄子 絞肉 木耳 涼薯 薑末 蒜末		2條 2兩 20g 20g 1大匙 1大匙	1. 茄子洗淨對切再切3公分長段，先以開水加鹽燙熟軟，盛盤。 2. 木耳、涼薯洗淨剁細。 3. 起油鍋爆薑、蒜末，放入絞肉、木耳、涼薯炒熟，加綜合調味料煮滾以太白粉勾芡，撒上蔥花淋於燙軟之茄子上。
	綜合調味料	鹽 味精 糖 醋 辣豆瓣醬	1/2小匙 1/4小匙 1小匙 1小匙 1/2小匙	
	太白粉 蔥花		1大匙 1/2大匙	
炒豆苗	碗豆苗 沙拉油		半斤 1大匙	豆苗洗淨，起油鍋放入豆苗大火拌炒，加調味料拌勻。
	調味料	鹽 味精	1/2小匙 1/2小匙	

供應份數：5人份

每份營養表			
蛋白質 （公克）	脂肪 （公克）	醣類 （公克）	熱量 （大卡）
22	25	65	573

菜單	項目	數量	操作步驟
米飯	米 水	2杯 2杯	米洗淨，加水煮成飯。
梅菜扣肉	三層肉 醃料〔醬油 梅干菜 水 調味料〔醬油 糖 味精 沙拉油 蒜屑	12兩 1/2杯 半斤 4杯 2大匙 2小匙 2小匙 3大匙 2大匙	1. 三層肉整塊入水中煮15分鐘，取出加醬油拌醃，將肉條取出入油中炸至皮起縐，切5份。 2. 梅干菜泡水切碎，起油鍋爆香蒜屑，加入水及調味料；放入肉塊煮20分鐘至肉軟。
蒜香小黃瓜	小黃瓜 蒜屑 沙拉油 調味料〔鹽 味精	半斤 2大匙 2大匙 1小匙 1小匙	1. 小黃瓜洗淨切5公分段，再一切為六條。 2. 鍋中熱油，爆香蒜屑，加入小黃瓜條及調味料拌勻。

供應份數：5人份

每份營養表			
蛋白質 （公克）	脂肪 （公克）	醣類 （公克）	熱量 （大卡）
22	15	62	471

菜單	項目		數量	操作步驟
米飯	米		2杯	米洗淨,加水煮成飯。
	水		2杯	
紅燒獅子頭	絞肉		半斤	1. 荸薺切碎、饅頭、洋蔥切碎加入絞肉中,蔥切屑、蛋打散一起加至肉餡中,再放入醃肉料拌勻使有彈性。 2. 將拌好之肉餡,平均分成5份做成圓球狀,放入鍋中炸至金黃色盛起。 3. 另起油鍋放入紅燒汁煮滾,放入炸黃的獅子頭,以小火煨煮至肉丸入味,淋香油。 4. 青江菜用油炒綠,獅子頭排好將紅燒汁淋上。
	荸薺		1兩	
	饅頭		1個	
	洋蔥		半個	
	蔥屑		2根	
	蛋		1個	
	醃肉料	鹽	1小匙	
		味精	1/2小匙	
		糖	1/2小匙	
		香油	1/2小匙	
		胡椒粉	1/4小匙	
		太白粉	1大匙	
	青江菜		2棵	
	紅燒汁	醬油	1杯	
		糖油	3大匙	
		水	1杯	
		鹽	1/2小匙	
	太白粉水	太白粉	3大匙	
		水	2大匙	
煎豆魚	綠豆芽		半斤	1. 綠豆芽洗淨,放入滾水中加鹽,稍燙,擠乾水份。 2. 豆腐皮切半,將豆芽包入捲長條狀封口以太白粉汁黏住,放平底鍋中兩面煎黃,取出切小段。 3. 將調味汁混勻燒開,供應時淋於煎好之豆腐皮上。
	燙豆芽	鹽	1大匙	
		水	1杯	
	豆腐皮		3張	
	黏合用	太白粉	1/2小匙	
		水	1/2小匙	
	油		1/4小匙	

菜單	項目		數量	操作步驟
煎豆魚	調味料	芝麻醬	1大匙	
		醬油	2大匙	
		糖	1/2小匙	
		麻油	1/4小匙	
		醋	1/4小匙	
		蔥屑	1/4小匙	
		壓碎白芝麻	1/2小匙	
		味精	少許	
素炒青江菜	青江菜		半斤	
	蒜屑		1大匙	
	沙拉油		1大匙	
	調味料	鹽	1/2小匙	
		味精	1/2小匙	

冬季菜單13

供應份數：5人份

每份營養表			
蛋白質（公克）	脂肪（公克）	醣類（公克）	熱量（大卡）
33	27	60	615

菜單	項目		數量	操作步驟
麻油雞麵線	白麵線		1斤	1. 白麵線放入滾水中煮熟撈出。青江菜洗淨切段。
	雞肉		1斤	2. 雞肉切塊。
	老薑（切片）		4兩	3. 鍋中放麻油，爆香薑片放入雞塊、水煮至雞肉軟熟，加入青江菜段並調味。
	黑麻油		4大匙	
	水		8杯	4. 麵線放碗中加入雞塊、青江菜段淋上雞湯。
	青江菜		半斤	
	調味料	鹽	1小匙	
		味精	1小匙	

供應份數：5人份

<table>
<tr><td colspan="4" align="center">每份營養表</td></tr>
<tr><td align="center">蛋白質
（公克）</td><td align="center">脂肪
（公克）</td><td align="center">醣類
（公克）</td><td align="center">熱量
（大卡）</td></tr>
<tr><td align="center">22</td><td align="center">15</td><td align="center">62</td><td align="center">471</td></tr>
</table>

菜單	項目	數量	操作步驟
米飯	米 水	2杯 2杯	米洗淨，加水煮成飯。
煎白帶魚	白帶魚 鹽 油	半斤 2大匙 1/2杯	1. 帶魚洗淨，以鹽抹勻醃20分鐘。 2. 鍋燒熱，加油1/2杯燒熱，將帶魚兩面煎黃即可。
什綿蒟蒻	蒟蒻 四季豆 後腿肉 洋蔥 木耳 胡蘿蔔 調味料〔鹽 味精 醬油 糖 香油	100g 100g 75g 50g 75g 50g 1大匙 1/2大匙 3大匙 1/2大匙 1/2大匙	1. 蒟蒻洗淨切0.3公分片，從中劃一刀，由內翻一次呈捲曲狀備用。 2. 四季豆去頭斜切成段，洋蔥切片、木耳切片、胡蘿蔔切薄片、肉切片以醬油1/2大匙、太白粉1/2大匙醃10分鐘。 3. 起油鍋，先炒肉片、胡蘿蔔、洋蔥再加蒟蒻、木耳、四季豆調味即可。
家常豆腐	嫩豆腐 絞豬肉 薑、蒜屑 調味料〔鹽 糖 醬油 水 沙拉油 蔥屑	4塊 60g 25g 1/2小匙 1/2小匙 1大匙 1大匙 1大匙 2大匙	1. 豆腐切成1吋半四方塊，再對角切成三角形，由中間橫面張開為二片。 2. 熱油鍋，將豆腐煎成兩面金黃色，撈起，瀝乾。 3. 起油鍋，爆香蒜屑、薑屑，放入豆腐及加調味料，撒上蔥屑。

供應份數：5人份

每份營養表			
蛋白質 （公克）	脂肪 （公克）	醣類 （公克）	熱量 （大卡）
26	15	60	479

菜單	項目	數量	操作步驟
炸醬麵	細麵條	1斤	1. 豆干切0.5公分正方丁。小黃瓜刨細絲。蛋去外殼打勻，於平鍋中攤成蛋皮，捲好切細絲。 2. 起油鍋炒絞肉，加入豆干丁及調味料拌勻。 3. 麵於滾水中燙熟，將豆芽亦燙熟，將麵放碗中，加入炒好炸醬、小黃瓜絲、綠豆芽及蛋皮即可供應。
	絞肉	半斤	
	豆干	4兩	
	油	2大匙	
	調味料 { 甜麵醬	4大匙	
	醬油	2大匙	
	糖	1/2小匙	
	小黃瓜	1條	
	綠豆芽	4兩	
	蛋	2個	
茼蒿魚丸湯	茼蒿	2兩	水煮滾加入魚丸煮熟，供應前加入茼蒿菜及調味料即可。
	魚丸	10粒	
	水	4杯	
	調味料 { 鹽	1/2小匙	
	味精	1/2小匙	
	麻油	1小匙	

供應份數：5人份

每份營養表			
蛋白質 （公克）	脂肪 （公克）	醣類 （公克）	熱量 （大卡）
22	15	65	483

菜單	項目	數量	操作步驟
米飯	米 水	2杯 2杯	米洗淨，加水煮成飯。

菜單	項目	數量	操作步驟
鹽水蝦	帶殼蝦 鹽 酒 沾蝦料｛醋 糖 薑末 香油	半斤 1大匙 2大匙 2大匙 11/2大匙 1/2大匙 1小匙	1. 蝦子洗淨去腸泥。 2. 水煮開加鹽、酒，把蝦子放入煮至變色即可。 3. 醋、糖、薑末拌勻，淋香油即成沾蝦料。
小黃瓜炒花枝	小黃瓜 花枝 調味料｛鹽 味精 糖	半斤 200g 1/2小匙 1/2小匙 1/2小匙	1. 小黃瓜洗淨切滾刀塊。 2. 花枝洗淨切細條狀。 3. 起油鍋爆蒜屑，加入花枝、小黃瓜炒熟，調味即可。
開陽白菜	大白菜 蝦米 扁魚（乾） 蒜頭 調味料｛鹽 味精	半斤 20g 10g 10g 1/2小匙 1/2小匙	1. 大白菜洗淨切3公分寬段，蝦米、扁魚乾泡水待用。 2. 扁魚乾切段，起油鍋爆香蒜頭、蝦米、扁魚，加入大白菜炒過，蓋上鍋蓋燜熟加調味料拌勻。

冬季菜單17

每份營養表			
蛋白質 （公克）	脂肪 （公克）	醣類 （公克）	熱量 （大卡）
23	15	71	511

菜單	項目	數量	操作步驟
牛肉燴飯	米 水 牛肉片 醃料｛醬油 酒 糖 太白粉	2杯 2杯 12兩 2大匙 1大匙 1大匙 2大匙	1. 米洗淨，加水煮成飯。 2. 牛肉片加醃料拌醃15分鐘後，過油。碗豆夾撕去硬莖。 3. 鍋中熱油，爆香蔥段、薑絲，加入牛肉片、洋菇片、紅蘿蔔片及燴汁調味料，煮滾後以太白粉水勾芡，放入豌豆夾拌勻。

幼兒營養與餐點設計

菜單	項目	數量	操作步驟
牛肉燴飯	薑段	5段	
	薑絲	2大匙	
	洋菇片	2兩	
	紅蘿蔔片	3兩	
	碗豆夾	4兩	
	燴汁調味料　水	5杯	4. 鹽中放煮熟之米飯，淋上牛肉燴汁。
	醬油	2大匙	
	蠔油	2大匙	
	糖	1大匙	
	鹽	1小匙	
	味精	1小匙	
	沙拉油	2大匙	
	太白粉水　太白粉	3大匙	
	水	3大匙	

冬季菜單18

供應份數：5人份

每份營養表			
蛋白質（公克）	脂肪（公克）	醣類（公克）	熱量（大卡）
29	15	62	499

菜單	項目	數量	操作步驟
米飯	米	2杯	米洗淨，加水煮成飯。
	水	2杯	
豆豉排骨	排骨	半斤	1. 排骨洗淨加醃肉料醃20分鐘。
	豆豉	1/2大匙	2. 起油鍋加油1杯，將排骨肉過油便撈起盛於盤中。
	蒜	1小匙	3. 豆豉泡10分鐘後瀝乾切碎，蒜切碎撒於排骨肉上。
	醃料　鹽	1/4小匙	4. 放於蒸籠上蒸10分鐘即可。
	味精	1/4小匙	
	醬油	1大匙	
	太白粉	1/2大匙	
	糖	1/2小匙	

菜單	項目		數量	操作步驟
韭菜花炒小管	韭菜花 小管 調味料 鹽 味精 香油		半斤 4兩 1/2小匙 1/4小匙 1/4小匙	1. 韭菜花洗淨切段，小管洗淨切條。 2. 起油鍋，將小管炒熟放一邊，加入韭菜花炒熟，兩者拌勻調味即可。
胡蘿蔔炒蛋	胡蘿蔔 4兩 蛋 5個 鹽 1/2小匙 味精 1/4小匙		4兩 5個 1/2小匙 1/4小匙	1. 胡蘿蔔切絲，起油鍋先炒胡蘿蔔。 2. 蛋打散加鹽、味精，倒入炒熟的胡蘿蔔一起炒至蛋凝固。

冬季菜單19

每份營養表			
蛋白質 （公克）	脂肪 （公克）	醣類 （公克）	熱量 （大卡）
22	15	70	503

菜單	項目		數量	操作步驟
臘味飯	米 水 臘肉 香腸 小白菜 調味料 醬油膏 豬油		2杯 2杯 4兩 4兩 半斤 4大匙 1大匙	1. 白米洗淨，加水煮成飯，煮至一半時，加入臘肉及香腸以小火燜10分鐘即熄火。 2. 小白菜洗淨，放鍋中另外炒熟。 3. 已燜熟之臘肉及香腸取出切片。 4. 取小碗放切片的臘肉、香腸及小白菜，淋上醬油膏及少許豬油。

冬季菜單20

每份營養表			
蛋白質 （公克）	脂肪 （公克）	醣類 （公克）	熱量 （大卡）
29	16	63	512

幼兒營養與餐點設計

菜單	項目		數量	操作步驟
米飯	米 水		2杯 2杯	米洗淨，加水煮成飯。
醬瓜雞丁	雞胸肉 醬瓜 蔥 醃雞料 [太白粉 醬油 醬油] 調味料 [糖 味精]		12兩 4兩 4支 1大匙 1大匙 1大匙 1/2小匙 1/2小匙	1. 雞胸切成小塊狀，以醃料醃。 2. 醬瓜剁碎後備用。 3. 熱油鍋，先炒雞丁，至肉熟後加入醬瓜及蔥段，以鹽、味精調味即可。
黃瓜肉片	小黃瓜 豬肉片 太白粉 調味料 [鹽 味精]		6兩 5兩 2小匙 1/2小匙 1/2小匙	1. 豬肉片以太白粉醃，小黃瓜切斜片。 2. 熱油鍋，先炒肉片至肉變白，再加入黃瓜片，以鹽、味精調味調可。
炸豆腐	嫩豆腐 調味料 [醬油膏 糖 蔥屑]		4塊 1大匙 1/2小匙 2大匙	1. 豆腐對切成三角形，以熱油炸半分鐘，至外皮稍硬呈金黃為止。 2. 調味料拌勻，將豆腐沾醬汁食用。

冬季菜單21

供應份數：5人份

每份營養表			
蛋白質 （公克）	脂肪 （公克）	醣類 （公克）	熱量 （大卡）
18	15	45	389

菜單	項目	數量	操作步驟
紅燒牛肉麵	細麵條 牛肉	1斤 12兩	1. 細麵條放入滾水中煮熟撈起。 2. 牛肉放入壓力鍋中，加調味料，先煮滾後改小火燜煮至軟熟，待壓力鍋蒸氣排除後，取出切2公分小塊。

菜單	項目		數量	操作步驟
紅燒牛肉麵	調味料	蔥段	2根	3. 將煮牛肉的湯再加水2杯煮滾，做成牛肉湯。小白菜洗淨切段於滾水中汆燙。 4. 碗中放麵條、高湯、牛肉塊及小白菜段。
		薑片	4兩	
		蒜頭	3粒	
		豆瓣醬	1大匙	
		醬油	6大匙	
		水	6杯	
		味精	1杯	
		八角	5粒	
		糖	1大匙	
	蔥屑		3大匙	
	小白菜		半斤	

冬季菜單22

供應份數：5人份

每份營養表			
蛋白質 （公克）	脂肪 （公克）	醣類 （公克）	熱量 （大卡）
22	15	64	479

菜單	項目		數量	操作步驟
米飯	米		2杯	米洗淨，加水煮成飯。
	水		2杯	
文昌雞		肉雞	半隻	1. 雞洗淨用醃料拌醃，蒸15分鐘。 2. 待冷將雞切塊。 3. 煮鍋中將調味料煮滾淋於雞塊上。
	醃料	鹽	1小匙	
		酒	1大匙	
		蔥段	3段	
	調味料	蒜屑	1大匙	
		白醋	1大匙	
		糖	1大匙	
	麻油		1大匙	
	蔥屑		1大匙	

菜單	項目		數量	操作步驟
蟹粉扒白菜	海蟹		1隻	1. 海蟹1隻剝去外殼及鰓，洗淨蒸熟，橫切取出蟹肉及蟹黃。 2. 大白菜洗淨切段。起油鍋爆蔥段、薑片，將蔥薑片拿掉，加入白菜炒軟，加蟹肉並調味，以少許太白粉水勾芡。
	大白菜		12兩	
	調味料	酒	1/2大匙	
		糖	1小匙	
		麻油	2大匙	
		鹽	1/2小匙	
		味精	1/2小匙	
	蔥段		4片	
	薑片		4片	
	沙拉油		1大匙	
炒芥蘭菜	芥蘭菜		半斤	1. 芥蘭菜之硬莖須削除外皮，洗淨後切成2公分段。 2. 起油鍋大火炒芥蘭菜段，加調味料拌勻。
	沙拉油		1 1/2大匙	
	調味料	鹽	1/2小匙	
		味精	1/2小匙	
		糖	1/2小匙	
		酒	1/2小匙	

冬季菜單23

供應份數：5人份

每份營養表			
蛋白質 （公克）	脂肪 （公克）	醣類 （公克）	熱量 （大卡）
15	17	65	473

菜單	項目	數量	操作步驟
油飯	長粒糯米	2杯	1. 長粒糯米洗淨，加水放入電鍋煮成飯。 2. 瘦肉切成0.5公分正方丁。芋頭削除外皮切成1公分正方丁。筍去外皮切1公分正方。紅蘿蔔切1公分正方丁。香菇泡水切絲。 3. 起油鍋，爆香油蔥酥，加入肉丁、芋頭丁炒香，加入蝦米、筍丁、紅蘿蔔、香菇絲及調味料煮滾，拌入米飯拌勻。
	水	1 1/2杯	
	瘦肉	4兩	
	芋頭	1個	
	蝦米	2大匙	
	筍（小）	1隻	
	紅蘿蔔	2兩	
	香菇	1兩	

菜單	項目		數量	操作步驟
油飯	調味料	酒	1大匙	
		鹽	1/2小匙	
		醬油	2大匙	
		糖	1小匙	
		味精	1小匙	
	沙拉油		4大匙	
	油蔥酥		2大匙	
菜心湯	菜心		半斤	菜心削去外皮，切滾刀塊，放入水中煮軟，加調味料。
	水		4杯	
	調味料	鹽	1/2小匙	
		味精	1/2小匙	

冬季菜單24

供應份數：5人份

每份營養表			
蛋白質（公克）	脂肪（公克）	醣類（公克）	熱量（大卡）
24	18	66	522

菜單	項目		數量	操作步驟
米飯	米		2杯	米洗淨，加水煮成飯。
	水		2杯	
回鍋肉	後腿肉		半斤	1. 後腿肉整塊放入水中煮15分鐘，取出待冷切片。豆腐干切片，小黃瓜切片。 2. 起油鍋，放入蔥段爆香，加入肉片、豆干片炒香，加調味料及小黃瓜片拌炒均可。
	豆腐干		4塊	
	小黃瓜		1條	
	調味料	豆瓣醬	1大匙	
		醬油	1大匙	
		糖	1小匙	
	沙拉油		1大匙	
	蔥段		3段	

菜單	項目		數量	操作步驟
三色蛋	皮蛋		2個	1. 皮蛋、鹹鴨蛋帶殼放入水中煮15分鐘，取出剝去外殼，一個切8條。 2. 雞蛋去殼打勻加入皮蛋與鹹鴨蛋條加水拌勻。 3. 便當盒抹油，將拌好的蛋液放入，水滾後以小火蒸20-30分鐘，取出倒扣後切片。
	鹹鴨蛋		2個	
	雞蛋		3個	
	水		4大匙	
素炒青江菜	青江菜		半斤	1. 青江菜洗淨，切段。 2. 起油鍋爆香蒜屑，放入青江菜段及調味料拌勻。
	蒜屑		1大匙	
	調味料	味精	1/2小匙	
		鹽	1/2小匙	
	沙拉油		1大匙	

冬季菜單25

供應份數：5人份

每份營養表			
蛋白質 （公克）	脂肪 （公克）	醣類 （公克）	熱量 （大卡）
25	16	62	492

菜單	項目		數量	操作步驟
咖哩雞	馬鈴薯		2個	1. 馬鈴薯、紅蘿蔔削除外皮，切滾刀塊。洋蔥切3公分大小。雞肉切3-4公分大小，加醃料拌醃。 2. 馬鈴薯、紅蘿蔔放入油中炸至皮稍黃。 3. 雞塊入油中炸至金黃色，濾出。 4. 起油鍋炒洋蔥塊，加入馬鈴薯、紅蘿蔔、雞塊、水及調味料，煮滾後以太白粉汁勾芡。 （咖哩粉選用甜味，不具辣味者）
	紅蘿蔔		1/2條	
	洋蔥		1個	
	雞胸肉		1斤	
	醃料	醬油	2大匙	
		糖	1小匙	
		太白粉	2大匙	
		胡椒粉	1/2小匙	
	水		5杯	
	調味料	咖哩粉	2大匙	
		糖	2小匙	
		鹽	1/2小匙	
		味精	1大匙	

菜單	項目		數量	操作步驟
咖哩雞	太白粉汁	太白粉 水	2大匙 2大匙	
小黃瓜肉片湯	肉片		4兩	1. 肉片加醃料拌醃。小黃瓜洗淨去蒂切片。 2. 鍋中煮水，水滾放入肉片及小黃瓜片，加調味料。
	醃料	醬油 糖 太白粉	1小匙 1小匙 1小匙	
	小黃瓜		1條	
	調味料	鹽 味精	1/2小匙 1/2小匙	
	水		4杯	

冬季菜單26

供應份數：5人份

每份營養表			
蛋白質 （公克）	脂肪 （公克）	醣類 （公克）	熱量 （大卡）
20	15	60	455

菜單	項目		數量	操作步驟
米飯	米 水		2杯 2杯	米洗淨，加水煮成飯。
香根肉絲	肉絲		半斤	1. 里肌肉切細絲，加醃料拌醃。香菜去葉，將莖切成0.5公分段。 2. 起油鍋爆肉絲，加調味料及香菜拌勻。
	香菜		4兩	
	醃肉料	醬油 糖 太白粉	1大匙 1小匙 1大匙	
	沙拉油		1大匙	
	調味料	蠔油 糖	1大匙 1小匙	

菜單	項目		數量	操作步驟
日式炸豆腐	豆腐		2塊	1. 豆腐先橫切，再切成2公分正方。 2. 蛋去殼，將蛋液打勻。豆腐外沾蛋液再沾太白粉，入油中炸至金黃色。 3. 白蘿蔔磨成泥狀加入調味汁拌勻，做沾食。
	蛋		1個	
	太白粉		1/4杯	
	白蘿蔔		4兩	
	調味料	醬油	2大匙	
		糖	1小匙	
炒空心菜	空心菜		半斤	1. 空心菜洗淨切段。 2. 熱油大火炒空心菜加調味料拌勻。
	沙拉油		1大匙	
	調味料	鹽	1/2小匙	
		味精	1/2小匙	

冬季菜單27

供應份數：5人份

每份營養表			
蛋白質 （公克）	脂肪 （公克）	醣類 （公克）	熱量 （大卡）
23	15	59	463

菜單	項目		數量	操作步驟
米飯	米		2杯	米洗淨，加水煮成飯。
	水		2杯	
無錫排骨	豬小排		半斤	1. 豬小排每二節切斷，再橫切成3公分段，加醬油拌醃15分，入油中炸黃。 2. 豬小排加調味料，先以大火煮滾改小火燜煮至排骨軟。
	醬油		3大匙	
	調味料	酒	1大匙	
		八角	1顆	
		冰糖	11/2大匙	
		水	11/2杯	
玉米段	玉米段		12兩	玉米段切成5段入水中煮熟。
蒜香茼蒿	茼蒿		12兩	1. 鍋中煮水，水滾放入茼蒿燙熟，速取出。 2. 蒜泥、麻油、醬油膏拌勻淋於茼蒿上，撒上油蔥酥。
	蒜泥		1大匙	
	麻油		1大匙	
	醬油膏		2大匙	
	油蔥酥		1大匙	

冬季菜單28

每份營養表			
蛋白質 （公克）	脂肪 （公克）	醣類 （公克）	熱量 （大卡）
24	16	60	480

菜單	項目		數量	操作步驟
米飯	米 水		2杯 2杯	米洗淨加水煮成飯。
走油扣肉	三層肉 醬油 調味料	蔥段 薑片 糖 酒	12兩 5大匙 4段 3片 2小匙 1大匙	1. 五花肉整塊入水中煮10分鐘，撈出泡醬油20分鐘，至肉已有醬色，再放入油中炸黃。炸好的肉泡冷水至肉皮軟。 2. 將肉切片放蒸碗中排好，加入調味料放入蒸鍋中煮一小時至肉軟，取出將湯汁淋於上。
炒雙色	玉米粒 青豆仁 沙拉油 調味料	鹽 味精	4兩 4兩 1 1/2大匙 1/2小匙 1/2小匙	1. 玉米粒、青豆仁入滾水中煮軟，撈出後濾乾水分。 2. 起油鍋放入玉米粒、青豆仁及調味料拌勻。
炒青江菜	青江菜 蒜屑 調味料 沙拉油	鹽 味精	半斤 1大匙 1/2小匙 1小匙 2大匙	1. 青江菜洗淨，切段。 2. 鍋中熱油，放入蒜屑爆香，加入青江菜段及調味料拌勻。

冬季菜單29

每份營養表			
蛋白質 （公克）	脂肪 （公克）	醣類 （公克）	熱量 （大卡）
32	15	90	623

菜單	項目		數量	操作步驟
什錦米苔目	米苔目		1斤	1. 大骨加水熬煮成高湯。
	大骨		1副	2. 花枝於內面斜切交叉絞，切成3×5公
	水		8杯	分大小。魚板切片。
	油蔥酥		3大匙	3. 起油鍋爆香肉絲，加入高湯、花枝、
	肉絲		4兩	魚板及高湯，煮滾後加入米苔目、綠
	綠豆芽		4兩	豆芽、韭菜，加入調味料。
	韭菜		4兩	4. 米苔目放碗中，撒上少許油蔥酥。
	花枝		4兩	
	魚板		2兩	
	調味料	鹽	1小匙	
		味精	1小匙	
	沙拉油		2大匙	

冬季菜單30

供應份數：5人份

每份營養表			
蛋白質 （公克）	脂肪 （公克）	醣類 （公克）	熱量 （大卡）
24	15	60	476

菜單	項目		數量	操作步驟
米飯	米		2杯	米洗淨，加水煮成飯。
	水		2杯	
京醬肉絲	肉絲		半斤	1. 肉絲加入醃料，拌醃15分，過油。
	醃肉料	醬油	1大匙	2. 油將甜麵醬爆香，放入肉絲及糖、
		太白粉	1大匙	蔥絲拌勻。
		水	1大匙	
	調味料	甜麵醬	2大匙	
		糖	2小匙	
	油		1大匙	
	蔥絲		1大匙	

菜單	項目	數量	操作步驟
煎豆包	豆包 胡椒 鹽 香菜膏 沙拉油	5塊 1/4小匙 1小匙 1大匙 2大匙	1. 豆包攤開，撒上少許胡椒、鹽及青菜，再包好。 2. 鍋中熱油，將豆包兩面煎黃。
炒茼蒿	茼蒿 沙拉油 調味料{鹽 味精	半斤 2大匙 1/2小匙 1/2小匙	1. 茼蒿菜洗淨切段。 2. 鍋中熱油，放入茼蒿菜及調味料拌勻。

參考書目

1. 李彥霖（2007），〈幼兒氣質與其食物選擇知覺之相同研究〉，師大人類發展與家庭學系幼教發展與教育碩士論文。
2. 林家瑟（2006），〈台北地區零至二歲嬰幼兒飲食營養狀況與生長發育之前瞻性研究〉，師大人類發展與家庭學系幼教發展與教育碩士論文。
3. 萬寧馨（2006），《透視營養學》，藝軒圖書出版社。

Note

Note

Note

圖書館出版品預行編目資料

營養與餐點設計／黃韶顏，倪維亞著.

初版.一一臺北市：五南，2013.09

；　公分.

978-957-11-7230-9（平裝）

兒營養　2.食譜

102014152

1L78　餐旅系列

幼兒營養與餐點設計

作　　　者 ― 黃韶顏(296.6)　倪維亞

發 行 人 ― 楊榮川

總 編 輯 ― 王翠華

主　　編 ― 黃惠娟

責任編輯 ― 盧羿珊　李鳳珠　莊　琬

封面設計 ― 童安安

出 版 者 ― 五南圖書出版股份有限公司

地　　址：106台北市大安區和平東路二段339號4樓

電　　話：(02)2705-5066　　傳　　真：(02)2706-6100

網　　址：http://www.wunan.com.tw

電子郵件：wunan@wunan.com.tw

劃撥帳號：19628053

戶　　名：五南圖書出版股份有限公司

台中市駐區辦公室/台中市中區中山路6號

電　　話：(04)2223-0891　　傳　　真：(04)2223-3549

高雄市駐區辦公室/高雄市新興區中山一路290號

電　　話：(07)2358-702　　傳　　真：(07)2350-236

法律顧問　林勝安律師事務所 林勝安律師

出版日期　2013年9月初版一刷

定　　價　新臺幣400元